아이의 어휘력

발표력부터 성적 향상까지 읽고 말하는 자신감을 얻는 힘

아이의 어휘력

이향근 지음

유노
라이프
LIFE

일러두기

내용의 이해를 돕기 위해 저자가 각주를 붙였으며, 참고 자료는 괄호 안에 출처를 밝혔습니다. 또한 사례 속 아이들의 이름은 가명으로 실제 인물과 무관합니다.

음악을 알아야 연주하는 것처럼
어휘력에 필요한 것

아이는 배냇저고리를 입은 갓난아기에서 초등학생이 되기까지 극적인 변화를 겪습니다. 신체뿐만 아니라 인지 능력도 엄청나게 성장하지요. 누워서 잠자며 겨우 눈인사만 하던 아기가 혼자 일어서고, 걷고, 뛰고, 춤까지 춥니다. 옹알이조차 못하던 입으로 자기 생각이나 느낌을 그럴 듯하게 표현하고요. 그런데 많은 부모들은 어린아이가 말귀를 알아듣고, 표현을 시작하는 경이로운 순간의 중요성을 미처 알아채지 못합니다. 그저 평범하게 받아들이지요.

대부분의 사람은 만 6세까지 1만 3,000개가량의 어휘를 익힙니다. 사실 이 정도 어휘로도 일상생활에는 무리가 없지만, 복잡한 문장이나 추상적인 표현을 이해하거나 적용하기는 어렵습니다. 단지 언어를 문자 그대로 이해하기만 할 뿐입니다. 소통을 잘하려면 어휘뿐만이 아니라 관용구, 속담 등을 이해하는 힘도 길러야 하지요. 간혹 어른들은 쉽게 이해하는 관용구를 어휘력이 부족한 아이는 엉뚱하게 이해하기도 합니다. 예를 들어, 초등 저학년 아이는 '낮말을 새가 듣고 밤말은 쥐가 듣는다'라는 속담을 다음과 같이 이해할 가능성이 큽니다.

'사람들이 낮에는 집 밖에 있으니까 새가 말소리를 엿듣고, 밤에는 집에 있으니까 쥐가 말소리를 엿듣는구나.'

단순한 글자 읽기에만 그쳐 '언제 어디서나 주변 사람에 대해 함부로 말하면 안 된다'라는 속뜻을 미처 이해하지 못하는 셈이지요. 이는 문해력과도 연결됩니다. 어휘의 의미를 파악하는 힘이 생기면 단순히 글자만 읽는 것이 아니라 이해하는 차원으로 넘어갈 수 있습니다. 문해력도 어휘력이 있어야만 가질 수 있는 셈입니다.

아이에게 악기 연주를 지도하기 전에 다양한 음악을 들려주면서 음색과 음감을 기르도록 하는 방법과 유사한 이치입니다. 그림을 지도할 때에도 먼저 다채로운 색깔이나 색다른 도구들로 즐겁게 놀아주지요. 언어교육도 마찬가지입니다. 아이에게 그림을 그려 보자며 무작정 캔버스와 붓을 손에 쥐어 주지 않는 것처럼, 말에 대한 감각을 먼저 키워 주는 일이 우선입니다.

아이가 말뜻까지 파악하는 힘을 기르려면

스위스의 발달심리학자 장 피아제*Jean Piaget*에 따르면, 보통 만 10세 무렵부터 추상적인 사고와 논리의 작용이 가능하다고 합니다. 우리나라 나이 셈으로 초등학교 3, 4학년쯤이지요. 이 나이대에는 추상적인 사고와 논리는 학습의 필수 요소입니다. 눈에 보이는 것만으로는 형이상학적이고 복잡한 학문의 세계에 진입할 수 없으니까요. 추상적인 사고를 할 수 있다는 의미는 어휘력이 폭발적으로 늘어날 기반이 마련되었다는 뜻입니다. 이처럼 언어 민감기에 아이의 어휘력이 풍부해지도록 도우면, 아이는 사고력과 표현력이 자라 자신감 있게 말하게 됩니다. 풍부해진 어휘력은 성적에 도움이 되고 평생의 든든한 지적 자산이 될 것입니다.

그렇다면 어떻게 해야 아이의 어휘력을 키울 수 있을까요? 무엇을 준비해야 할까요? 이 책에서 아이의 어휘력을 풍부하게 만들기 위해 부모가 알아야 할 기본 지식과 실천 방법을 다루겠습니다.

1장에서는 아이의 어휘력을 발달시켜야 하는 이유와 어휘력의 중요성을 살펴봅니다. 2장에서는 아이의 어휘력이 발달하는 요인과 어휘의 개념에 대해 알아봅니다. 3장에서는 어휘력 향상법에 대해 구체적으로 제시했습니다. 4장에서는 정서어휘를 필두로 아이의 어휘력을 발전시키는 법을 알려드립니다. 5장에서는 동시가 주는 어휘력 향상의 효능에 대해 알아봅니다. 6장은 배운 어휘를 확장시킬 방법을 이야기합니다.

어휘를 부려 쓸 수 있는 진짜 어휘력 키우기

수업에 적극적으로 참여하고, 만족할 만한 성적을 내는 아이들의 한결같은 특성은 어휘력이 풍부하다는 점입니다. 복잡한 글이나 상황을 해석하고, 효과적으로 생각을 표현하는 데 어휘력이 쓰이지요. 어휘력은 무작정 많이 익힌다고 길러지지 않습니다. 어휘는 사전적 의미로 굳어져 있지 않고, 다양한 맥락 속에서 개인적인 의미로 구성되기 때문입니다. 무작정 많은 어휘를 학습하는 것이 아니라, 어휘가 아이의 마음속에서 '의미화' 되는 것이 중요합니다. 어휘를 익히고 부려 쓰는 힘은 기계적 암기가 아니라, 관련된 맥락을 체험하고 활용하는 데서 키워지니까요.

저는 서울교육대학교에서 예비 교사를 길러내기 전에 다양한 아이들과 교사들, 전문가들과 만나 왔습니다. 9년간 서울에서 초등학교 교사로 일했고, 미국에서 2년간 독서교육을 공부하고, 다시 한국에서 초등국어교육과 문학교육에 대해 탐색했습니다. 이후에는 영국 런던 대학교에서 한국학 연구원으로도 일했습니다.

공간은 여러 번 바뀌었지만, 탐구 과제는 늘 동일했습니다. 어디서나 '어떻게 언어로 아이들의 지성과 감성을 풍부하게 만들 수 있을지' 탐구했지요. 그 과정에 언제나 동행한 딸과 아들은 제 연구 방향을 가리키는 나침반처럼 이론을 해석하는 통로이자 동반자였습니다.

서문을 마치며 어휘에 대해 다시 생각해 봅니다. 우리는 직접 만나 이야기를 나누고 추억을 쌓지 않더라도, 어휘와 문장을 통해 교감할 수 있습니다. 인간의 말과 글은 얼마나 경이로운지요! 다양한 층위의 어휘가 존재하지 않았다면, 의사소통은 매우 단순한 사실 확인에 지나지 않을 것입니다. 아무쪼록 아이들에게 더 넓은 세상을 보여 주고, 깊은 사유의 세계로 안내하고자 하는 부모와 교사에게 이 책이 소중한 길잡이가 되길 바랍니다. 때로는 다정한 동반자로 때로는 단호한 안내자로 아이들과 함께하는 방법을 소개해 드리겠습니다. 이제 시작해 볼까요?

2021년 12월

이향근

1장
왜 아이의 어휘력을
키워야 할까?

4장

엄마 아빠에게 어휘력을
여는 열쇠가 있다

5장

어휘력을 확장시키는
동시의 힘

6장
쌓인 어휘만큼 세상을
크게 보는 아이들

·1장·

왜 아이의
어휘력을
키워야 할까?

국어가 쉽다는 아이의 말이
걱정되는 부모

몇 년 전, 아들아이가 수능을 보았습니다. 평소에도 그럭저럭 성적을 냈기에 나름 기대했지요. 시험을 보고 온 날 저녁, 아들은 자신만만하게 저에게 말했습니다.

"국어 문제가 쉬웠어."

그 말을 듣고 아들의 수능 성적이 모의고사만 못하리라는 사실을 직감하고는 기대를 접었습니다.

아들의 말과 다르게 수능 국어 문항은 절대 만만하지 않습니다.

지문이 길어 독해 시간도 오래 걸릴 뿐더러, 수준 높은 문항에서는 착각이나 오해하기 쉬운 함정 문항이 도사리고 있습니다.

'아, 이것이 함정이구나.'

이런 자각과 함께 깊이 고민해야 고득점이 가능한 시험입니다. (함정 문항에 대한 찬반 의견이 분분하지만, 언어적 민감성과 정확성을 평가하기 위해서는 어쩔 수 없는 선택이라는 목소리가 지배적입니다.) 아니나 다를까, 아들의 수능 성적은 모의고사보다 낮았습니다. 수능 성적표를 받은 순간 아들의 독해 문제에 너무 안일하게 대처한 과거에 후회가 밀려 왔지만, 이미 벌어진 일이었지요.

우리 아들은 일명 '게으른 천재'에 속하는 타입입니다. 아들과 이야기를 나눠 본 사람들은 '아이가 참 영리하다'라고 한결같이 말했습니다. 아들은 초등학생 시절 미국과 한국, 프랑스를 오가며 생활했지만 한국에 돌아와서 학업을 어렵지 않게 따라갔습니다. 한글보다 영어 알파벳을 먼저 익혔고, 한글 읽기가 익숙해질 무렵 다시 프랑스에 가서 불어를 접했는데도 학교생활에 잘 적응할 뿐만 아니라 친구도 곧잘 사귀었습니다. 다만 책 읽기를 포함해 숙제, 공부를 싫어했습니다. 당시에는 마음만 먹으면 잘할 수 있으리란 생각에 아들을 많이 혼내고 다그쳤지요.

돌이켜보니, 그때 아들은 난독증의 한 증상을 보인 듯합니다. 왼손잡이라 오른손잡이 친화적인 글자 모양이나 글자 흐름에 거부감도 느꼈던 것 같고요. 거기다 영어, 한국어, 불어를 쓰는 언어 환경을 오가니 아들의 머릿속은 그야말로 혼돈의 도가니였을 것입니다. 그때로 돌아간다면 공부하라고 혼내는 대신 읽기에 익숙해지도록 도왔을 텐데 말이죠.

글을 이해하는 데 필요한 능력은?

인지심리학자 해리슨 고프 *Harrison G. Gough* 와 윌리엄 툰머 *William E. Tunmer* 는 문자습득과 독해에 대한 연구로 유명합니다. 그들은 글을 읽고 이해하는 독해력을 '해독능력'(decoding)과 '언어이해력'(language comprehension)의 상관관계로 표현했습니다.[1]

여기서 해독능력이란 글자를 얼마나 유창하게 소리 내 읽을 수 있는지를 가리킵니다. 언어이해력은 다른 사람의 말을 듣고 이해하는 능력입니다. 문장을 읽은 후 의미가 무엇인지 파악하는 능력이지요. 이들은 독해력이 해독능력과 언어이해력에 비례한다고 보았습니다.

해독 (D) x 언어이해 (LC) = 독해력 (RC)

여기서 중요한 것은 해당 연령대의 평균 해독능력이나 언어이해력을 '1'로 보고, 두 요소 중 하나만 낮아도 독해력을 낮게 평가한다는 것입니다. 단어를 소리 내 읽을 수 있지만, 어떤 의미인지 모른다면 당연히 독해력은 낮아지겠지요. 소리 내 읽기에 서툰 아이들도 독해력이 낮기는 마찬가지입니다. 따라서 둘 중 하나라도 능력이 낮다면 높은 학습 성취를 기대하기 어렵습니다.

만약 내 아이의 해독능력이 어느 정도인지 궁금하다면, 아이와 함께 글을 읽어 보세요. 간단한 동화책도 좋고, 역사책이나 과학책도 좋습니다. 그다음 아이와 읽은 내용에 대해 이야기해 보세요. 아이가 글을 읽고 새롭게 알게 된 것을 말하나요? 아니면 이전부터 알고 있었던 것을 말하나요? 만약 이전부터 알고 있던 것 중심으로 말한다면, 방금 읽은 글에서 가장 인상 깊은 내용이 무엇인지 물어 보세요. 아이가 머뭇거리거나 주춤한다면, 유창하게 읽는 해독능력이 낮을지도 모릅니다.

간혹 해독능력은 떨어지지만 언어이해력이 높은 아이들이 있습니다. 소리 내 읽는 능력은 또래보다 낮지만, 다양한 언어 체험이나 배경지식 덕에 독해력은 상대적으로 높게 나타나는 경우입니다. 이런 아이들은 초등학교 과제 해결에는 어려움이 없으나 이후

중학교, 고등학교에 진학하면서 성적이 잘 나오지 않는다는 특징이 있습니다. 글을 글자 그대로 무의식중에 읽고, 일부 문장이나 단어만으로 내용을 추측하기 때문입니다. 그러니 글의 내용을 오해하기 십상입니다. 제대로 읽어 내려면 다른 사람들보다 집중력 소모가 클 수밖에 없습니다.

중·고등학교 학습은 새로운 정보의 수준이나 양이 초등학교보다 훨씬 많습니다. 따라서 중·고등학생들에게는 오랫동안 차분히 글을 읽거나 수식의 원리를 해석하는 과정이 필수입니다. 이에 언어 이해력이 높아 독해력에 문제가 없어 보이는 아이들은 학습 수준이 높아질수록 어려움을 겪을 수밖에 없습니다. 최근에는 이러한 경우도 난독증의 한 증상으로 보고합니다.

내 아이도 제대로 못 읽는 난독증?

난독증인 아이들은 정상 지능이지만, '코끼리'를 '끼리코'로 읽거나 사물의 이름을 혼동합니다. 어떨 때는 단어를 잊어버리기도 하지요. 문장을 통째로 빼먹고 읽기도 하고요. 대신 미술이나 음악, 연극 등 다른 분야에서 월등한 성취를 나타내기도 합니다. 대표적으로 미술가 레오나르도 다빈치 *Leonardo di ser Piero da Vinci* 나 파블로 피카소 *Pablo R. Picasso* 가 있습니다. 천재로 일컬어지는 알버트 아인슈타인 *Albert*

Einstein 이나 토마스 에디슨*Thomas A. Edison* 도 난독증이었지요. 영화감독 스티븐 스필버그*Steven A. Spielberg*, 배우 톰 크루즈*Thomas Cruise*, 축구선수 데이비드 베컴*David R. J. Beckham* 도 난독증을 겪었다고 합니다. 이들을 보면 난독증 치료도 중요하지만, 창조적인 사고가 필요한 분야에서 아이의 역량을 발휘할 수 있도록 부모가 지원을 아끼지 않는 것도 중요해 보입니다.

문자는 말처럼 자연스럽게 배우기 어렵습니다. 노출 빈도를 높이고, 반복적으로 연습해야 합니다. 언어학자 노암 촘스키*Noam Chomsky* 는 누구나 언어를 배우고 말하도록 프로그래밍 되어 있으며 이는 인간의 기본적인 욕구에 해당한다고 이야기하지만, 문자에도 수학이나 물리학처럼 특별한 학습 과정이 요구됩니다. 문자는 인간의 목소리를 그대로 옮긴 것이 아니라 상징화하고 추상화함으로써 기호로 만들어 낸 것이니까요.

보통 문자습득이 가능한 시기는 만 6세 전후입니다. 물론 그 전에 글자에 호기심을 보이며 "엄마, 이 글자가 뭐야?" 또는 "이 글자는 어떻게 읽어?"라고 묻는 아이는 글자를 더 빨리 깨우칠 확률이 높습니다. 이렇게 글자에 대한 민감기가 빨리 찾아온 아이에게는 만 6세 이전이라도 글자를 가르치면 좋습니다.

첫째 딸아이는 글자를 빨리 익혔습니다. 처음에는 제가 환경적으로 최대한 글자 노출을 많이 시킨 덕이라고 생각했지요. 그런데 둘째 아들아이는 달랐습니다. 딸아이는 읽지 못하는 상황을 답답해하면서 자꾸만 글자를 읽어 달라며 자석 글자로 이름을 만들고 놀기도 했는데, 아들아이는 만 6세가 되었는데도 글자에 호기심을 보이지 않았습니다.

글자 말고도 재미난 것이 많은 아이에게 글자는 놀잇감이 될 수 없겠지요. 만약 아이가 글자에 관심이 없다면 그대로 받아들이고, 최대한 자연스럽게 글자에 친숙해지도록 도와야 합니다. 흥미 없는 일에 관심을 가지라고 다그치면 반작용으로 오히려 문자에 거부감을 가질 수도 있으니까요.

난독증

아이의 난독증은 지속될 수도 있고, 일시적으로 나타나기도 합니다. 언어능력이 우세한 상황에서 나타나는 난독증세는 단순 집중력이나 주의력 결핍 때문에 나타날 수 있으므로 아이의 상황을 찬찬히 살펴볼 필요가 있습니다. 더불어 아이가 문자와 친해질 수 있도록 환경을 조성해야 어휘력도 자연스럽게 발달합니다.

아들아이는 글씨를 쓰는 것이 아니라 그림처럼 그렸습니다. 좌우가 바뀐 모양으로 쓰기도 했습니다. 이럴 때는 글자 쓰기가 잘못되었다고 혼내거나 바로바로 교정하지 말고, 여유 있게 기다릴 필요가 있습니다. 6세 전후의 아동은 단어 분석(word analysis)과 단어 재인(word recognition) 능력을 발달시키면서 더 나은 읽기 발달 단계를 밟으니까요.

이 시기의 아이는 주변 환경 속에서 수많은 글과 글자를 접하면서 자기 나름대로 만든 '창안 글자'(invented spelling)도 사용하고, 좌우가 바뀐 '거울 글자'(mirror spelling)를 쓰기도 하면서 스스로 오류를 경험하고 실험합니다. 이런 경험은 아이들에게 결국 글자와 관련된 개념들을 깨우쳐 줍니다. 아이는 글자를 어떻게 배열해야 하고(왼쪽에서 오른쪽으로, 위에서 아래로), 단어와 단어 사이는 어떻게 띄워야 하며, 문자언어와 음성언어가 일정한 관계를 맺고 있다는 것을 알아갑니다. 그렇게 글자에 의미가 있다는 사실을 제대로 이해하게 되지요.

피카츄 소년과
대화하는 법

15년 전에 초등학교 1학년 담임을 맡았을 때의 일입니다. 1학년 아이들의 담임으로서 학교생활의 하루하루가 긴장의 연속이었지요. 유치원에서 자유롭게 생활하던 아이들이 초등학교에 와서 규율을 익히려니 우왕좌왕이었습니다. 수업 시작종이 치면 자기 자리에 앉으라는 지도를 했는데 며칠씩 걸렸습니다. 아이들은 현관에서 실내화로 갈아 신고, 복도의 왼쪽을 걸어서, 교실 복도에 실내화 주머니를 걸고, 교실에 들어오는 것을 익히는 데만 한 달이 넘게 걸렸습니다. 복도나 교실에서 뛰지 않고 걷는 일은 활기 넘치는 초등학교 1학년 아이들에게 쉬운 일이 아니었겠지요.

활기찬 교실 속 아이들 사이에 지훈이가 있었습니다. 지훈이는 어느 학생보다 학교생활에 잘 적응했습니다. 수업 시간에 발표도 활발히 했지요. 진심으로 친구들을 도와주는 다정한 아이였습니다. 그런데 여름방학이 지나고, 지훈이에게 한 가지 변화가 생겼습니다. 모든 사람과 대화할 때 말 대신 "피카츄 피카피카"라고만 말하는 것입니다. 알아보니 '피카츄'는 인기 애니메이션 〈포켓몬스터〉의 주인공이었습니다. 주인공과 함께 여행하는 대표적인 포켓몬스터로 백만 볼트 전기를 쏠 수 있지요. 지훈이는 애니메이션 주인공 피카츄를 따라 하던 것이었습니다.

'피카츄 대화'와 '야자타임'

신기한 점은 지훈이가 "피카츄 피카피카"라고만 말해도 어느 정도 의사소통이 되었다는 사실입니다. 지훈이가 말할 때마다 아이들은 까르르 웃으면서도 무슨 말을 하고자 하는지, 무엇을 원하는지 알아차렸습니다. 문제는 어느 순간부터 교실 안에 피카츄가 늘어나고 있다는 것이었습니다.

담임교사로서 저는 깊은 고민에 빠졌습니다. 피카츄를 금기어로 선포하자니 아이들의 상상력을 억압하는 일 같고, 그대로 두자니 조리 있게 말하기를 지도해야 하는 교사의 책무를 저버리는 일 같았습니다. 묘안이 없을지 고민한 끝에 내린 결론은 함께 피카츄가 되는 것이었습니다. 그래서 저도 "피카츄 피카피카" 하면서 혼내는 흉내를 냈습니다. 아이들에게 주의를 주긴 했지만, 퍼져 나가는 피카츄 유행은 멈출 수가 없었으니까요. 사실 엄하게 꾸짖을 일도 아니라고 생각했습니다.

당시 우리 반의 피카츄 대화는 '지버리시'(Gibberish)라는 활동과 유사합니다. 지버리시란 '무의미한 말소리'나 '뜻 모를 말'을 가리키는 말로, 다양한 분야에서 활용되는 일종의 말놀이입니다. 본격적인 연기 연습이나 대본 리딩 전 아무 말소리나 내면서 입과 긴장을 푸는 용도로도 쓰이지요.

감정을 말로 표현하는 법을 배울 때 억양이나 목소리 톤 등을 재미있게 연습하는 용도로도 활용합니다. 외국어 학습에서는 발음 연습 시 흔히 사용하고요. 최근에는 명상에서 마음을 내려놓기 위해서 활용한다고도 합니다.

당시에는 아이들에게 일어난 피카츄 소동을 지버리시 활동으로 재구성함으로써 교육적으로 적용할 수 있다는 사실은 몰랐지만, 하루에 몇 번씩, 다 같이 "피카츄"라고만 실컷 말할 수 있는 시간을 가졌습니다. 아이들이 교사의 눈을 피해 몰래몰래 행동하게 만들기보다 교실에서 공식적으로 피카츄로만 말하는 시간을 주는 것이 좋겠다고 생각했습니다. '야자타임' 비슷하게 해방감을 주어야 겠다고 판단했기 때문입니다. 이렇게 몇 주간 피카츄 놀이를 하다 보니 아이들의 흥미도 차츰 줄어들고, 지훈이도 제대로 대화하고 싶어 했습니다. 피카츄 소동은 자연스럽게 잠잠해졌지요.

과장스럽게 흉내 내며 말놀이 하기

피카츄는 북미 지역에서 서식하는 토끼 '피카'(pika)를 모델로 삼은 캐릭터라고 합니다. 공교롭게도 '피카'(ピカ)는 일본어로 전기 스파크 소리를 나타내는 의성어입니다. 여기다가 쥐의 울음소리를 흉내 낸 '츄(チュウ)'를 더해서 만들어진 합성어가 바로 피카츄입니다.

우리말에도 이처럼 의성어나 의태어를 활용한 이름이 많습니다. 소리나 모양을 나타내는 부사에 접사 '이'를 붙이면 이름이 되는 경우가 많지요. 개구리, 부엉이, 꾀꼬리, 매미, 귀뚜라미 등 동물 이름 중에는 울음소리를 흉내 낸 것이 특히 많지요.

어린아이들은 고양이를 야옹이, 돼지를 꿀꿀이라고 하고, 자동차를 빵빵이, 오토바이를 붕붕이라고 부릅니다. 이런 성향을 살려 별명이나 애칭을 붙일 때도 소리나 모양을 흉내 내면 좋습니다. 아이가 좋아하는 장난감이나 인형의 소리나 모양을 따서 이름을 지어 보는 활동을 추천합니다.

그리고 일상적으로 대화할 때 과장스럽게 흉내 내는 말을 활용하면 아이의 어휘력을 길러 주는 데 도움이 됩니다.

"우리 ㅇㅇ이는 냠냠 맛있게 먹네."
"햇빛이 반짝반짝 정말 환하다."
"ㅇㅇ이 곰돌이 찾아볼 수 있어요? 꼭꼭 숨어라, 꼭꼭 숨어라."

동요·동시집도 유용한 자료입니다. 유아용 동시집이나 짧은 그림책들은 소리나 모양을 흉내 낸 단어를 주로 사용하고, 짧은 어구를 반복 제시하는 경우가 많으니까요.

꼭 흉내 내는 말이 아니더라도 아이들은 어른들이 반복적으로 사용하는 말에서 다양한 표현과 어휘를 익힙니다. 이를테면 어른들은 말문도 트이지 않은 아기 눈앞에서 주먹 쥔 손을 오므렸다 폈다 하면서 이렇게 말하곤 합니다.

"잼잼."
"곤지곤지."
"짝짝짝."

그래서인지 어느 연구 결과에 따르면 우리나라 두 살배기 아이들의 표현어휘 중 '잼잼'이 '맘마', '엄마', '아빠' 다음을 차지할 정도로 높은 빈도를 보였습니다.

동요·동시에도 쉽고 짧은 간단한 말놀이들이 가득합니다. 요즘은 책과 함께 볼 수 있는 영상이나 음원 자료를 제공하는 동요·동시집도 많습니다. 엄마가 목소리의 크기나 높낮이, 억양을 바꾸어가면서 흉내 내는 말을 강조한다거나 리듬감을 살려서 노래로 불러 본다면 아이들은 다양한 말소리를 연습하면서 어휘도 배우게될 것입니다.

잰말놀이로 확장하는 어휘력

재미있는 발음을 활용한 활동에는 '잰말놀이'(Tongue-twister)도 있습니다. 발음이 서로 비슷해 빨리 발음하기 어려운 단어나 어구를 반복해서 말하는 놀이입니다. 글자해독에 관계없이 재미있게 활용할 수 있지요.

"멍멍이네 꿀꿀이는 멍멍해도 꿀꿀하고, 꿀꿀이네 멍멍이는 꿀꿀해도 멍멍하네."

"간장 공장 공장장은 강 공장장이고 된장 공장 공장장은 장 공장장입니다."

"내가 그린 기린 그림은 목이 긴 기린 그림이고, 네가 그린 기린 그림은 목이 안 긴 기린 그림입니다."

이런 문장들이 대표적입니다. 우리말뿐만 아니라 전 세계 다양한 언어권에서 재미있는 잰말놀이를 찾을 수 있지요. 잰말놀이로는 자음과 모음의 협응과 조음 기능을 신장시킬 수 있으며, 빠르게 말하는 가운데 재미도 느낄 수 있습니다.

의성어와 의태어

아이들에게 흉내 내는 말을 지도할 때 제일 많이 쓰는 게임이 무엇일까요? 바로 의성어, 의태어 알아맞히기입니다. 그런데 대부분의 의태어는 의성어이기도 합니다. 국어과 교육과정이나 교과서에도 의성어와 의태어를 엄격하게 구분하지 않고 '소리나 모습을 흉내 내는 말'이라고 제시합니다.

어른들도 구분하기 쉽지 않은 낱말의 성격을 아이들에게 묻는다면, 오히려 혼란에 빠질 우려가 높습니다. 말의 재미도 반감될 것입니다. 따라서 아이들과 흉내 내는 말로 말놀이할 때에는 재미있는 모양이나 소리, 그것을 어떤 말소리로 표현할 수 있는지에 관심을 두고 즐기는 것이 좋습니다.

'딸랑딸랑, 엉금엉금, 졸졸졸'처럼 상투적이고 흔한 표현이 아니라 아이들이 진짜 들은 대로 소리를 표현해 보게끔 함으로써 새로운 단어를 창조할 기회를 주면 어떨까요?

모든 아이는
언어의 마술사다

《이상한 나라의 앨리스(Alice's Adventures in wonderland)》로 유명한 영국의 작가 루이스 캐럴*Lewis Carroll*은 후속작으로 《거울 나라의 앨리스(Through the Looking-Glass and What Alice Found There)》라는 동화를 지었습니다. 《이상한 나라의 앨리스》만큼이나 환상적인 시공간을 자랑하는 작품으로, 등장하는 동물들도 예사롭지 않지요. 그중에는 현실에 존재하지 않는 '재버워크'(Jabberwok)라는 괴물도 있습니다. 재버워크는 닥치는 대로 먹어 치우는 괴물로 생김새도 무시무시합니다.

루이스 캐럴은 어떤 기사(knight)가 재버워크를 무찌르고 돌아오는 장면으로 지은 시에 '재버워키'(Jabberwoky)라는 제목을 붙였습니다. 〈재버워키〉는 루이스 캐럴이 지은 시 중에서 최고의 시라고 칭송받지만, 별로 재미있거나 감동적이지 않습니다. 어떤 장면을 묘사하고 있는지도 구체적으로 떠오르지 않지요. 시의 내용은 다음과 같습니다.

저녁 무렵, 나긋하고 미끈한 토브들은
언덕에서 뱅뱅 돌면서 구멍을 뚫고 있었네.
보로고브들은 너무나 비참하고,
집 떠난 쑥색 돼지들은 꽥꽥거렸지.

"아들아, 재버워크를 조심해라!
물어뜯는 이빨과 움켜쥐는 발톱!
주브주브 새도 조심해라. 씩씩거리는
밴더스내치 곁에는 가까이 가지 마라!"

그는 보팔의 칼을 손에 들고
오랫동안 무서운 괴물을 찾아다니다가
탐탐 나무 옆에서 휴식을 취하고
한동안 생각에 잠긴 채 서 있었지.

거칠고 찌무룩한 생각에 잠겨 서 있을 때
재버워크가 불타는 눈을 부라리며
빽빽하고 어두운 나무숲을 휙휙 빠져나와
요란한 소리를 내며 다가왔지.

하나, 둘! 하나, 둘! 이리 쑥 저리 쑥,
보팔의 검이 날쌔게 찌르고 또 찔렀네!
그는 괴물을 죽여 둔 채, 그 머리를 가지고
의기양양하게 말을 타고 돌아왔지.

"그래, 네가 재버워크를 죽였단 말이냐?

Twas brillig, and the slithy toves
Did gyre and gimble in the wabe:
All mimsy were the borogoves,
And the mome raths outgrabe.

"Beware the Jabberwock, my son!
The jaws that bite, the claws that catch!
Beware the Jubjub bird, and shun
The frumious Bandersnatch!"

He took his vorpal sword in hand:
Long time the manxome foe he sought-
So rested he by the Tumtum tree,
And stood awhile in thought.

And, as in uffish thought he stood,
The Jabberwock, with eyes of flame,
Came whiffling through the tulgey wood,
And burbled as it came!

One, Two! One, Two! And through and through
The vorpal blade went snicker-snack!
He left it dead, and with its head
He went galumphing back.

"And hast thou slain the Jabberwock?

한번 안아 보자, 내 자랑스러운 아들아!
오, 경사스러운 날이로다! 야호! 야호!"
아버지는 기뻐서 코를 울렸네.

저녁 무렵, 나긋하고 미끈한 토브들은
언덕에서 뱅뱅 돌면서 구멍을 뚫고 있었네.
보로고브들은 너무나 비참하고,
집 떠난 쑥색 돼지들은 꿱꿱거렸지.

Come to my arms, my beamish boy!
O frabjous day! Callooh! Callay?"
He chortled in his joy.

'Twas brillig, and the slithy toves
Did gyre and gimble in the wabe:
All mimsy were the borogoves,
And the mome raths outgrabe.

* 토브(toves): 너구리와 도마뱀과 타래송곳을 합친 동물.
* 보로고브(borogoves): 자루벌레처럼 빈약하고 볼품없는 새.
* 주브주브(Jubjub bird): 영원한 욕정에 사로잡혀 절망에 빠진 새.
* 밴더스내치(Bandersnatch): 강한 턱을 가진 몸짓이 빠른 생물.

이 시에는 당시 영어권에서 사용하지 않던 의미를 알 수 없는 단어가 여러 개 등장합니다. 예를 들면, 'chortled', 'galumphing', 'frabjous' 등은 루이스 캐럴이 새롭게 만들어 낸 단어입니다. 'chortled'는 'chuckle'(낄낄 웃다)와 'snort'(코웃음 치다)의 합성어, 'galumphing'은 'gallop'(전속력으로 달리다)과 'triumphant'(의기양양한)의 합성어, 'frabjous'는 'fair'(정당한)과 'joyous'(즐거운)의 합성어로 추측 됩니다. 루이스 캐럴이 정확한 뜻을 언급한 적이 없기 때문에 말 그대로 추측일 뿐이지만요. 영어를 모국어로 사용하지 않는 사람 들은 뉘앙스조차 가늠하기 어렵습니다. 영국인들도 이해가 어려 웠는지 오늘날 이 시의 제목인 〈재버워키〉는 '이해하기 힘든 헛소 리'란 뜻으로 사용됩니다.

아이는 상상력으로 무장한 이야기꾼

루이스 캐럴은 타고난 이야기꾼이면서 어휘를 자유자재로 다루는 언어의 마술사였습니다. 그런데 루이스 캐럴 같은 언어의 마술사적 기계는 어린아이들에게도 찾아볼 수 있습니다. 특히 언어 습득 과정에서 이런 장면이 쉽게 포착됩니다.

어린아이들은 장난감을 손에 들고 움직이면서 옹알옹알 소리를 냅니다. 아기는 한참 옹알이하다가 혀와 입 모양을 다채롭게 움직이며 자음 소리도 냅니다. 그러다 자음과 모음을 마음대로 결합해 의미 없는 말을 내뱉는 옹알이도 합니다.

소꿉놀이할 만큼 자라나도 아이들의 말 만들기 놀이는 여전합니다. 물건을 보고 세상에 없는 이상한 이름을 지어 주거나, 자기들만의 암호로 소통하거나 하지요. 재미있는 말은 반복적으로 듣고 싶어 하고, 동식물에게 어른들은 알아들을 수 없는 언어로 말도 겁니다.

언어 심리학자 닉 룬드*Nick Lund* [2]에 의하면, 어린아이들의 말하기는 '놀이적 상상력'에서 비롯되었다고 합니다. 상대방과 어울려 놀기 위해서는 소통의 도구가 필요한데, 그 도구로 말을 활용하는 것이지요.

어른이 이성적 판단을 과감히 벗어 버리고 사회적 질서나 규범을 포기하는 일은 실로 어려운 일이지만, 아이들은 어떤 망설임이나 두려움 없이 자신만의 상상의 나래를 마음껏 펼쳐 보입니다. 어른들이 보기에 아이들의 언어놀이는 현실의 맥락과 동떨어진 불합리한 현상이지만, 아이들에게는 또 다른 현실 대응의 방식인 셈입니다.

옹알이

옹알이는 모음으로 만들어 내는 '모음 옹알이'(cooing), 자음과 모음을 마음대로 결합해 내는 '자음 옹알이'(babbling)가 있습니다. 아기들은 모음 옹알이와 자음 옹알이를 한참 한 후에야 명확하게 발음합니다. 아기가 옹알이를 할 때 옹알이 소리를 그대로 따라 하면서 소통하려는 어른들이 있습니다. 옹알이로 아기와 소통할 수 있으리라 기대하면서 말입니다.

옹알이하는 아이와 소통하고 싶다면 옹알이를 그대로 따라 하기보다는 현재 옹알이로 표현하고자 하는 의사가 무엇인지 파악하고 간단히 확인해 보는 것이 좋습니다.

"우리 ○○이 기분이 좋아요?"
"우리 ○○이 배가 불러요?"
"우리 ○○이 엄마가 좋아요?"

이렇게 아기의 생각을 어른이 말로 표현해 주는 것입니다.

"엄마도 기분이 좋아요."

"엄마도 배가 불러요."

"엄마도 ○○이 사랑해요."

이처럼 아기의 의사에 대답하는 것도 좋습니다. 그러면 아기는 당장에는 이해하지 못해도 훗날 더욱더 쉽게 말을 배울 바탕을 쌓을 것입니다.

같은 단어만 반복하는
아이에게 필요한 것

어휘력은 문해력에 큰 영향을 끼칩니다. 문해력이 글을 읽고 이해하는 능력이라면 어휘력은 글의 기초가 되니까요. 이에 초등 자녀를 둔 부모는 자녀의 어휘력을 키우기 위해서 어떻게 해야 하는지 많이 궁금해합니다.

어휘력이란 과연 무엇일까요? 어휘력은 '어휘를 마음대로 부리어 쓸 수 있는 능력'을 말합니다. 마음대로 부리어 쓰는 능력은 어휘를 알아듣고 이해할 뿐만 아니라 적재적소에 활용할 줄 아는 능력을 말합니다. 그렇다면 '어휘'란 무엇일까요? '낱말의 무리' 즉 일정한 역할을 하는 '낱말들의 모임'을 어휘라고 합니다. 어휘력이란 낱개의 낱말뿐만이 아니라 낱말 사이의 관계를 이해하고 그것을 적재적소에 활용할 수 있는 능력을 가리키는 셈입니다. 따라서 어휘력이 풍부하다는 말은 언어를 유창하게 구사하는 능력, 즉 의사소통에 필요한 기본 기능이 뛰어나다고 볼 수 있습니다.

반복된 어휘로 이어지는 소극적 어휘

인간의 언어활동은 크게 '이해적 측면'과 '표현적 측면'으로 나뉩니다. 이해적 측면은 말이나 글을 듣고 이해하는 활동으로 '듣기'와 '읽기'에 해당합니다. 반면, 표현적 측면은 자기 생각이나 의견을 '말하거나 쓰는 행동'을 말합니다. 인간 언어의 두 측면은 어휘의 종류를 구분할 때 주로 활용됩니다. 먼저 타인의 말을 이해하거나 글을 읽고 내용을 파악하는 차원에서 활용되는 어휘를 '인지용 어휘' 또는 '소극적 어휘'라고 합니다.

아이들도 말소리뿐만 아니라 말하는 사람의 표정이나 억양, 행동, 말하는 장소나 시간, 상황 등 다양한 맥락을 고려하며 대화합니다. 이러한 맥락의 관여 정도는 읽기 상황에서도 유사합니다. 처음 읽어 보는 낯선 글일지라도 제목이나 종류 등 글 이외의 정보가 읽기 행위에 간섭하기 때문이죠. 받아들이는 아이에 따라 정확하지는 않더라도 어휘의 뜻을 어림짐작할 수 있습니다. 이러한 어휘를 소극적 어휘라고도 합니다.

이해적 측면만 생각한다면 소극적 어휘로도 충분히 의사소통이 가능합니다. 하지만 표현적 측면까지 생각한다면 어떨까요? 말하든 글로 쓰든 생각을 효율적으로 나타내려면 적확한 낱말로 선명하게 표현해야 합니다. 같은 어휘만 반복하면 상대방이 집중하기는커녕 관심조차 갖지 않을 가능성이 높으므로 가능한 다양하게 어휘를 사용할 필요가 있습니다.

어휘력은 '듣고 읽는' 이해적 측면보다 '말하고 쓰는' 표현적 측면에서 개인차가 더욱 극명하게 드러납니다. 아이뿐만 아니라 성인에게도 마찬가지입니다. 그러므로 아이의 어휘력을 길러 주고 싶다면 이해적 측면보다는 표현적 측면에 주목해야 합니다. 즉, 말하거나 글 쓸 기회를 주어야 합니다. 이런 기회는 아이를 어휘력을 기르는 데 지름길이지요.

대부분의 부모가 자녀의 어휘력을 기르기 위해서 '문자' 활동에 집중하는 데서 또 다른 문제가 발생합니다. 듣고 말하는 상황보다 읽고 쓰는 상황에서 단어를 확실히 인지하리라 생각하기 때문입니다. 인간이 사용하는 문자는 인간의 음성언어를 기호화한 것입니다. 이러한 측면을 생각한다면, 말하거나 듣는 '음성 언어'를 무시할 수 없겠지요.

말소리로 배우는 언어의 중요성

말소리로 의사소통하는 능력을 '언식성'(言識性)[3]이라고 합니다. 언식성이 중요한 이유는 생각하는 방법, 즉 사고방식과 긴밀하게 연결되기 때문입니다. 어린아이들은 대화에 참여함으로써 세상과 언어가 어떻게 작용하는지 배워 갑니다. 러시아의 교육학자 레프 비고츠키 *Lev S. Vygotsky* 는 아동의 언어 학습과 경험이 인지 발달과 나선형으로 연결되어 있다고 말했습니다.

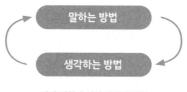

언어 경험과 인지 발달의 관계

아이들은 자라면서 어른들의 언어 사용법을 보고 배웁니다. 어른들의 언어는 아이들에게 세상을 이해하는 법과 표현하는 법을 자연스럽게 가르쳐 주지요. 일의 원인과 결과를 추론하는 방법에 더해 일상생활에서 발생하는 문제를 어떻게 언어로 해결할 수 있는지까지 보여 줍니다. 아이들은 어른의 말을 경청하고, 말하기에 참여하는 등 주변 대화에 이바지함으로써 어른들의 언어를 완전히 받아들입니다. 모두 자연스러운 언어 학습의 과정이지요. 사실

어린아이들의 모국어 학습은 아이들이 사회적인 상황에 몰입하면서 얻어지는 '자산'입니다. 따라서 말하는 방식은 자연스럽게 아이들의 사고방식을 형성하고, 형성된 사고방식은 말로 표현됩니다.

아이의 혼잣말에는 어떤 의미가 있을까?

모국어가 아이의 사고방식에 영향을 미친다는 비고츠키의 이론에서 특히 주목할 만한 통찰은 말을 배우는 아이에게서 나타나는 '공공 발화'나 '사적 발화'가 '내적 발화'라는 사고 도구로 발전한다는 사실입니다. 공공 발화란 어린아이가 자기 자신을 '나'라고 하기 전 이름으로 지칭하면서 하는 말입니다.

딸아이는 3~4세 무렵부터 한동안 "지윤이는 딸기를 좋아해", "지윤이는 시금치가 싫어!"라는 식으로 자기 생각을 말했습니다. 이는 아이가 자신과 타인의 존재를 인식하고, 내면에서 타인을 내재화시키고 있다는 증거입니다. 언어는 그 매개체 역할을 하는 중이지요. 공공 발화는 사적 발화와 내적 발화로 전환되면서 본격적인 사고 도구가 됩니다.

사적 발화는 그야말로 '혼잣말'입니다. 혼자 놀고 있는 아이들을 보면 사적 발화의 장면을 쉽게 관찰할 수 있습니다. 남자아이들이 혼자서 공룡 장난감을 가지고 소리 내거나 이야기 만들어 가는 장면을 보면 웃음이 나기도 하지요. 인과관계가 전혀 없는 스토리임에도 아이는 신나서 손에 든 공룡으로 다른 공룡을 내리치기도 하고, 점프도 합니다. 익룡이 하늘을 나는 것처럼 손놀이도 하고요. 이때 아이가 혼자 하는 말하기가 바로 사적 발화입니다. 다른 사람에게 들리지 않더라도 혼자 생각을 말한다면 이 역시 사적 발화에 속하지요.

사적 발화는 어려운 과업이 주어질 때 가장 활발히 작용합니다. 아이가 지갑을 잃어버렸다고 가정해 봅시다. 아이의 머릿속에는 어떤 말이 떠오를까요?

'지갑을 어디에 뒀지?'
'지갑을 찾으려면 어떻게 하지?'
'선생님께 말해야 하나?'

입 밖으로 말하지는 않지만, 머릿속에는 문제를 해결하기 위한 궁리로 가득합니다. 이러한 발화를 내적 발화라고 하는데, 내적 발화는 신기하게도 일단 문제가 해결되면 사라집니다.

사적 발화는 입 밖으로 표출되기도 하고 머릿속에서 내적 발화로만 실행되기도 하지만, 입 밖으로 표현되는 사적 발화도 결국은 내적 발화의 발현입니다. 이에 비고츠키는 모국어의 습득과 사용이 아이의 사고력을 발달시키고 문제를 해결하는 내적 발화의 열쇠라고 보았습니다.

어휘력의 시작은 글이 아니라 말입니다. 아이들은 말문이 트일 때부터 어휘력을 쌓기 시작합니다. 어휘력을 풍부하게 만들어 주겠다며 '한글 깨우치기' 같은 문자습득에 주력하지 말고 다른 사람들과 대화하는 시간을 늘려 주세요. 가족들끼리 많이 이야기 나누는 것도, 다른 아이들이 모여서 즐겁게 놀이하는 곳에 아이를 데려가는 것도 좋습니다. 이렇게 아이의 마음에서 일어나는 내적 발화를 튼튼히 하면, 아이에게는 적재적소에 어휘를 쓸 줄 아는 힘이 생길 테니까요.

혼잣말

아이들은 혼자 놀 때뿐만 아니라 둘이 놀 때도 자주 사적 발화의 형태로 대화합니다. 예를 들어, 학령기 전 어린아이들은 친구와 놀고 싶다며 만나게 해 달라고 조를 때가 있습니다. 그런데 정작 만나면 서로 다른 놀이를 하거나, 혼잣말하면서 놉니다. 이런 장면을 보면 뭐 하러 만났나 싶기도 합니다.

"둘이 놀지도 못하면서 왜 자꾸 친구 집에 가자고 하니? 이런 식으로 놀려면 혼자 놀지!"

아이에게 짜증 내는 부모도 있지만, 혼잣말하며 놀고 있는 아이는 지금 사적 발화를 개발하는 중입니다. 화법 교육의 측면에서는 이러한 시기를 '자기 독백의 시기'라고도 합니다. 전혀 이상한 장면이 아니지요.

자기 독백의 시기는 초등학교 1~2학년까지도 이어집니다. 아이들끼리 주거니 받거니 대화하며 놀지 않더라도 아이를 닦달하지 말아야 합니다. 어떤 주제나 소재를 집중적으로 논의하거나 이야기를 구성하는 대화는 수준 높은 말하기입니다. 수준 높은 말하기가 가능한 아이도 역시 어떤 경우에는 혼잣말에 빠지고요.

혼잣말하는 아이가 못마땅하다고 생각하지 말고, 아이의 혼잣말 속에 어떤 이야기가 있는지 가만히 들어보세요. 아이의 이야기에 관심을 보이며 슬그머니 말을 붙인다면, 아이와 즐겁게 대화할 수 있을 것입니다.

3,000여 개 어휘를 더 익힌
아이가 다른 점

최근 초등학교 교실에서는 소리 내 글 읽는 모습을 보기 어렵습니다. 교실 안에서 학생 전체가 소리 내 읽으면 옆 반에 방해가 되거나 혼자 소리 내 읽으면 주변 친구들에게 방해될 수 있기 때문입니다. 소리 내 읽기가 독해력이 부족한 학생들의 행동이라는 오해도 이런 풍경에 한몫하고 있지요. 소리 내 읽지 않고 묵독할 수 있는 학생이야말로 우수한 독해력과 집중력을 소유했다고 판단하고, 한글을 모두 깨우쳤다면 눈으로만 읽어야 한다고 여깁니다. 이에 1~2학년 교실을 제외한 중학교 이후의 국내 초등학교 교실에서는 주로 묵독하는 광경만 볼 수 있습니다.

반면, 미국이나 프랑스의 교육 현장에서는 교실에서 아이들이 소리 내 읽거나 교사가 학생들 앞에서 책 읽어 주는 풍경을 흔히 볼 수 있습니다. 미국의 한 연구 결과에 의하면, 미국 초등교사의 70퍼센트 정도가 매일 학생들에게 글을 읽어 준다고 합니다. 중등 교사의 37퍼센트가 매일 3~4회에 걸쳐 시범을 보이고요. 교사의 소리 내 책 읽기는 모범적인 읽기 행위를 보여 줄 뿐만 아니라 아이의 독서 흥미나 문학작품에 대한 공감대를 이끌어 내기 유용한 방법입니다.

프랑스 중·고등학교에서 30여 년 동안 문학을 지도했으며, 소설가이기도 한 다니엘 페낙*Pennac*은 《소설처럼》(문학과지성사, 2018)에서 소리 내 읽어 주기가 얼마나 중요한지 말합니다. 그는 아이들 앞에서 아무것도 기대하지 않고, 책을 읽어 주는 행위가 아이들에게 주는 선물이라고 말합니다. 수업 시간은 책에 주석을 달고, 확인하고, 다그치는 시간이 아니라 함께 책을 읽고, 이야기하는 시간이어야 한다고 역설합니다. 아무리 좋은 것도 억지로 강요한다면 진정한 행복감을 줄 수 없겠지요. 하지만 글을 소리 내 읽으면 학생들에게 인지적 부담을 주지 않으면서 책 읽기의 즐거움에 빠지도록 할 수 있습니다.

내 아이가 해독하는 독서가라면?

어휘가 풍부한 아이는 이전에 습득한 단어를 자동화하고, 쉽게 새로운 단어를 추가합니다. 반면, 어휘가 빈곤한 아이는 단어 안의 의미를 파악하는 기초적인 해독에도 시간이 걸립니다. 단어에 대한 의미론적 발달이 늦은 아이는 자연스럽게 언어 발달의 엔진에도 늦게 시동이 걸립니다.

소리 내 읽기는 아이의 음운론적 발달(phonological development)을 돕습니다. 단어 안에 들어 있는 음소(자음과 모음) 소리를 듣고, 구별하고, 분절해 언어화하는 능력을 발달시키면서 아이에게 단어가 음성으로 이루어졌음을 몸소 감각하게 만들지요. 소리 내 읽기가 특히 중요한 것은 아이가 유창하게 읽을 수 있는지 확인하는 수단이기 때문입니다.

이제 겨우 글자를 읽기 시작하는 단계의 아이는 단어 하나하나 힘주어서 읽습니다. 독서 연구가들은 이런 아이를 '해독하는 독서가'라고 부릅니다. 이 시기는 보통 반유창성(semi-fluency)의 기간입니다. 아이가 현재 알고 있는 어휘보다 앞으로 최소 3,000여 개의 어휘를 더 배워야 유창하게 읽을 수 있지요. 그러기 위해서는 현재 아이가 읽을 수 있는 것보다 한 단계 높은 수준의 글을 제공해야 합니다. 이때 새로운 어휘가 추가되지 못하면 아이의 독서력에 치명적인 문제가 발생할 수도 있습니다.

소리 내 읽기는 문어(文語)가 주는 다양한 표현을 익힐 때도 유용합니다. 어른들은 구어(口語)와 문어의 코드를 쉽게 바꿔 가며 표현할 수 있지만, 문어가 익숙하지 않은 어린아이에게 이것은 쉬운 일이 아닙니다. 책 속의 문장을 이해하려면 통사론적 발달(syntactic development)도 수반되어야 합니다. 단어의 순서가 의미 이해에 영향을 준다는 점을 알아야 하지요. 예를 들어, '고양이가 생쥐를 물었습니다'와 '생쥐가 고양이를 물었습니다'라는 문장은 단어의 순서만 바뀌었는데도 의미 차이가 어마어마합니다. '밤이 깊어지자 호랑이가 들이닥쳤습니다'나 '눈 깜짝할 사이에 나무를 모두 베었습니다' 같은 문장 패턴은 구어에서 자주 사용되지 않습니다.

이뿐만이 아닙니다. 유창하게 문장을 이해하려면 '고양이가 생쥐를 물었습니다'와 '고양이는 생쥐를 물었습니다'의 미묘한 차이도 인식할 수 있어야 합니다. 이것은 형태론적 발달(morphological development)의 측면입니다. 아이들은 명확하게 의미가 드러나는 명사 형태의 어휘는 쉽게 익힙니다. 언어 표현에 '이/가'처럼 문법적인 역할을 하는 조사 사용은 상대적으로 어려운 과제입니다.

글을 소리 내 읽으면 문어체 문장에 자주 등장하는 문법적 기능 어휘들을 자연스럽게 익힐 수 있습니다. 따라서 아이가 글을 유창하게 소리 내 읽는다면, 문장의 의미를 제대로 파악하고 있는지 알 수 있지요.

낭송과 낭독의 힘

최근 소리 내 읽기는 '낭독'이나 '낭송'과 연결되어 어른들에게도 유용한 읽기 방법으로 대두되고 있습니다. 고전평론가로 유명한 고미숙의 책《낭송의 달인 호모 큐라스》(북드라망, 2014)에는 낭송이 사람의 기를 돌게 하면서 건강한 심신까지 갖게 한다고 말합니다. 낭독이나 낭송이 남이 아니라 자기 자신을 위한 배려라는 것입니다. 이 책에서는 유독 고전을 추천하지만, 꼭 고전이 아니더라도 좋은 글을 소리 내 읽는 일은 아이들의 언어 유창성을 확보하는 방법이면서 심신을 건강하게 만드는 활로일 수 있습니다.

아이가 글을 유창하게 소리 내 읽을 수 있을 때, 드디어 '유창하게 독해하는 독서가'가 됨을 확인할 수 있습니다. 이 단계를 거쳐야 '숙련된 독서가'로 나아갈 수 있지요. 부지불식간에 유창하게 읽게 될 수도 있지만, 아이에 따라 발달이 잠시 멈췄다가 다시 연결되는 경우도 있습니다. 아이가 소리 내 책을 읽거나 글을 읽으면 집에서도 열심히 칭찬해 주세요.

"무슨 내용인지 궁금한데, 엄마가 들어 봐도 돼?"

이렇게 말하면서 아이의 목소리를 경청하는 것입니다. 동생이 있다면 어린 동생에게 읽어 주도록 해도 좋지요. 동생이 너무 어려서 잘 알아듣지 못하더라도 상관없습니다. 아이들은 동생이 자기 목소리에 반응하는 것을 감각적으로 느끼니까요.

요즘은 반려견이나 반려묘에게 책 읽어 주는 프로그램도 있습니다. 미국 미주리주의 한 동물보호소에서는 6~15세 청소년들이 유기견에게 책 읽어 주는 봉사 프로그램을 진행합니다. 이 중에는 유창하게 읽는 학생들뿐만 아니라 책을 더듬더듬 읽는 '해독하는 독서가' 단계의 학생들도 많습니다. 그런데 읽기에 서툰 아이들은 이 프로그램으로 특히 놀라운 결과를 얻었습니다. 책 읽기 능력은 물론 정서적인 안정감까지 높아진 것입니다.

동물들은 아이가 천천히 읽거나 떠듬떠듬 읽어도 비웃지 않습니다. 혼내지도 않고요. 그야말로 너그러운 청중이지요. 동물들도 아이들의 목소리를 들으며 사람에 대한 신뢰감이나 심리적인 안정감이 높아졌다고 합니다. 소리 내 읽기의 신비한 힘은 사람을 넘어서 동물들에게까지도 유용한가 봅니다.

하버드 대학교의 인지과학자 수잔 캐리 *Susan Carey*는 아이들이 새로운 단어를 학습하는 방법을 '빠른 매핑(zap mapping)'이라고 했습니다. 2~5세 아이들은 재빠르게 그려져 나가는 지도 같은 느낌으로 매일 2~4개 이상의 새로운 단어를 배울 수 있다고 합니다. 습득 속도가 정말 놀라울 따름입니다.

혹시 아이가 느리거나 서투를지라도 유창한 읽기에 필요한 어휘 3,000여 개 획득의 고지는 아이 스스로 정복해야 합니다. 물론 부모가 옆에서 도와주어야겠지요. 그러니 아이들이 소리 내 읽을 때, 너그러운 청중이 되어 주세요. 아이는 지금 온 힘을 다해 '문자'라는 재료로 '의미'를 요리하고 있으니까요.

어휘력 더하기+
소리 내 읽기

어린이 도서는 새로운 정보를 설명해 주기도 하지만, 주로 대화로 채워진 이야기책이 많습니다. 이에 간혹 아이에게 등장인물의 말투로 이야기책을 읽도록 지도하는 어른들이 있습니다. 아기는 아기 목소리로, 할아버지는 할아버지 목소리로, 고양이는 고양이처럼, 사자는 사자처럼 흉내 내도록 말이지요.

그러나 무리하게 등장인물의 말투를 흉내 내는 일은 오히려 유창하게 읽기에 방해가 될 수도 있습니다. 소리 내 읽기는 그야말로 유창하게 읽는 활동을 가리킵니다. 다른 사람에게 책을 읽어 주기는 그 자체로 의미가 있습니다. 만약 아이가 '유창하게 독해하는 독서가'라면 흉내 내면서 읽는 것이 어렵지 않을 테지만, '해독하는 독서가'의 단계라면 무리하게 분위기를 살려서 읽게 하지 마세요. 아이가 글의 내용을 숙지하면서 읽는다면, 차분한 목소리 가운데에도 분위기가 살아날 것입니다.

아이의 머릿속에
비밀이 있다

영국의 과학 전문 잡지 〈네이처〉(Nature)는 2016년에 신기한 뇌 그림으로 표지를 장식했습니다. 언뜻 보기에 형형색색 아름다운 색으로 채색된 그림은 뇌가 언어의 의미를 어떻게 기억하고 회상하는지 보여 주는 '어휘 지도' 같습니다.[4] 이 연구는 어휘가 구체적으로 뇌의 어떤 부위에서 처리되는지 밝혔다는 데 의미가 있습니다. 연구진은 실험 참여자에게 미국 한 라디오 방송을 2시간 넘게 듣게 했고, 기능성자기공명영상(fMRI)으로 실험 참여자의 뇌를 촬영했습니다. 이러한 과정에서 어떤 어휘가 뇌의 어느 부분을 활성화시키는지 밝혀졌지요.

초록색은 시각이나 촉각과 관련된 어휘, 빨간색은 사회성과 관련된 어휘 등으로 표시되었습니다. 놀라운 점은 대뇌피질 위 100여 개 부위의 의미 체계 및 분포 패턴이 모든 실험자에게서 공통으로 나타났다는 사실입니다. 그래서 〈네이처〉에 소개된 뇌 사진은 빨간색, 초록색 부위로 구분되어 보이는 부분보다 두 색깔이 섞여 보이는 부분이 상당히 많습니다. 이는 같은 어휘가 서로 다른 부위에 여러 번 반복적으로 나타났다는 사실, 즉 같은 어휘가 다양한 맥락에서 활용되고 있음을 보여 주는 연구 성과입니다. 인간이 부려 쓰는 어휘 말뭉치를 '어휘부'라고 하는데, 형형색색의 뇌 그림은 어휘부가 머릿속에서 어떻게 작동하는지를 단적으로 보여 주는 예시가 되었습니다.

어휘의 사용도 기억작용의 하나

뇌가 어떠한 정보 처리시스템으로 운영되는지 파악하기란 쉽지 않지만, 일반적으로 뉴런(신경세포) 수준에서 일어나는 물리 화학적인 변화들이 연결망을 형성하면서 어떤 정보가 기억된다고 합니다. 특별한 경험을 하면, 뉴런들이 하나의 패턴이 되어 연결되고 나중에 유사한 상황이 벌어지면 한꺼번에 활성화되며 기억에 남습니다.

인지심리학자들은 인간의 기억이 새로운 정보를 마음속에 표상화시키고, 새로운 정보에 접근해 인출하는 과정을 통해 생성된다고 합니다. 어휘를 사용하는 일도 기억작용의 하나입니다. 어휘 역시 마음속에 부호화되어 저장되므로 인간은 필요할 때 단어를 기억해 말합니다. 쉽게 말해서 아이의 뇌에 있는 어휘사전은 우리가 흔히 생각하는 국어사전이나 영어사전 같은 체계를 가지고 있지 않습니다.

흔히 머릿속 어휘 목록을 상상할 때 국어사전이나 영어사전같이 두툼한 사전을 떠올립니다. 사전에는 가나다라 순서대로 차곡차곡 단어가 들어 있지요. 하지만 우리 머릿속 사전(mental lexicon)은 그렇지 않습니다. 그렇게 정리될 수도 없지요. 머릿속 어휘들은 살아 있는 나비처럼 날개를 흔들며 여기저기 날아다닙니다.

책 사전처럼 의미가 명확히 규정되어 머릿속에 저장된다면 인간은 6만 단어 이상의 풍부한 어휘력을 가지기 힘들었을 테지요. 인간의 기억은 더 이상 현전하지 않는 경험이나 지식을 품고 있습니다. 아이의 어휘력을 신장시키겠다며 1,500개의 영어 단어를 달달 외우게 하는 행위가 무의미한 시간 낭비인 까닭입니다.

미국의 저명한 심리학자 스티븐 핑커*Steven Pinker*[5]는 '인간이 언어를 사용할 수 있는 이유는 머릿속에 저장된 단어들로 표현하는 규칙이 존재하기 때문'이라고 말합니다. 마음속 사전의 본질은 기억에 있다고 해도 과언이 아닙니다. 그렇다면 아이, 어른의 기억은 어떤 구조일까요? 학자마다 조금씩 이견이 있지만, 애킨슨*Richard Atkinson* 과 쉬프린*Richard Shiffrin* 이 제시한 기억 체계가 대표적입니다. 이들은 기억이 감각기억(sensory register), 단기기억(short-term store), 장기기억(long-term store)으로 구성되어 있다고 했습니다.

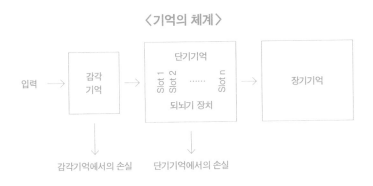

감각기억은 정보를 매우 짧은 시간 동안 저장하는 곳으로 '감각 등록기'라고도 불립니다. 감각기억은 1초 이내, 청각 감각기억은 약 2초 정도 지속된다고 알려져 있습니다. 그다음 단계인 단기기억은 '되뇌기'를 통해 활성화됩니다. 되뇌기란 마음속으로 단기기억에 들어온 정보를 의도적으로 반복하거나 깊게 생각해 보는 것입니다. 단기기억의 대상은 되뇌기 활동이 더 많이 일어날수록 장기기억으로 전이될 가능성이 큽니다.

장기기억은 거의 무한대에 가까운 용량으로 유지된다고 합니다. 풍부한 어휘를 간직한 아이는 '감각기억→단기기억→장기기억'의 과정이 풍부하게 일어났다고 할 수 있습니다. 하지만 아무리 풍부한 어휘를 가지고 있다고 하더라도 그것을 부려 쓸 수 있는 능력이 뒷받침되어야 어휘력으로 힘을 발휘할 수 있습니다.

머릿속 언어 능력의 비밀

앞서 〈네이처〉에 같은 단어가 뇌의 서로 다른 부위에서 여러 번 반복적으로 나타난다고 말했습니다. 예를 들어 'top'이라는 어휘는 모양을 나타내는 어휘를 처리할 때에도 나타났을 뿐만 아니라 숫자나 측정과 관련된 어휘를 처리하는 부위에서도 등장했습니다. 그로써 어휘들이 사용되는 상황이나 맥락이 다양하다는 사실을 알 수 있었지요.

뇌신경과학 덕분에 인간의 언어 능력도 조금씩 비밀이 풀려 가고 있습니다. 그러나 뉴런들의 접합, 자극과 반응이라는 결과적 방법으로만 인간의 언어와 의식을 설명하기는 역부족입니다. 인간의 기억 체계가 하나의 시스템이라고 할지라도, 시스템을 구성하는 개별 요소는 끊임없이 상호작용하면서 내적 질서나 구조를 만들어 가기 때문이지요.

　아이가 가진 머릿속 사전의 원천은 하나의 단어이지만, 단어가 풍부하고 생산적인 구조로 연결될 수 있도록 부모가 도와주는 일도 중요합니다. 아이들의 주변 언어 환경을 의미 있게 조성하는 일이 어휘력 향상의 관건이 될 수 있으니까요.

어휘력 더하기+
어휘 습득

아이가 한참 한글을 배우는 집에 가 보면, 집이 온통 한글 어휘 카드로 도배된 모습을 볼 수 있습니다. 문에는 '문', 냉장고에는 '냉장고', 탁자에는 '탁자'라는 한글 어휘 카드를 붙여 놓지요. 영어 어휘 카드를 함께 두는 경우도 있습니다. '문'과 'Door'를 함께 두어 익히게 하지요.

이렇게 집 안 가득 어휘 카드를 붙여 놓으면 아이에게 얼만큼 도움이 될까요? 아이가 익힌 단어 몇 개를 해당 물건에 붙여 놓고, 일주일 정도 틈날 때마다 따라 읽어 보거나 엄마가 읽어 주는 어휘를 찾아보는 활동은 도움이 될 수도 있습니다. 그러나 집 안의 물건마다 어휘를 붙여 놓는다고 어휘가 아이의 장기기억으로 이동하지는 않습니다.

풍부한 어휘력을 갖게 하려면 적당한 환경 조성이 중요합니다. 그래야 단기기억에 저장한 단어를 장기기억으로 보내기 쉬우니까요. 그렇지만 언어 습득에 적당한 환경 조성을 위해 어휘의 양으로 승부하라는 것이 아닙니다. 질적인 자극을 주어야 한다는 의미입니다. 5~6세 정도의 아이는 하루에 새로운 어휘를 3~4개 정도 습득할 수 있다고 합니다. 그러니 어떻게 조금이라도 더 많은 어휘를 외우게 만들지 고민하는 것이 아니라 어떤 경험과 함께 새로운 어휘를 입력시켜 줄지 고민해야 합니다.

2장

아이의 눈높이에서
바라본
어휘력의 비밀

아이의 언어 세계를
방문하라

아이들을 보면 저절로 이야기가 나누고 싶어집니다. 아이를 좋아하는 천성 탓도 있지만, 아이들 입에서 나올 말에 대한 기대감이 크기 때문입니다. 지인들끼리 모일 때면, 그들의 아이들 근처로 슬쩍 가 보는 버릇도 있습니다.

어린아이들과 이야기를 나누고 싶은 가장 큰 이유는 아이들의 내면 세계가 궁금하기 때문입니다. 아이들의 눈높이에 맞춰 들어가면, 아이들의 생각이나 느낌을 알게 되는 즐거움이 있습니다. 아이들은 참 아름다운 존재라는 생각에 따뜻하고 흐뭇한 웃음도 지을 수 있고 말입니다.

솔직히 어른이 낯선 어른에게 말 붙이기는 쉬운 일이 아닙니다. 쓸데없이 먼저 말 붙이는 사람은 물건을 팔려고 하거나, 종교적으로 포교하려고 한다거나, 실없는 사람이라고 생각될 수 있으니까요. 아는 사람과의 대화에도 신경 쓸 부분이 많습니다. 상대방이 좋아할 만한 화제를 꺼내어 임의롭게 대화해야 합니다. 공감대 형성은 지인끼리도 쉽지 않은 일이지요. 하지만 아이들과 이야기를 나누기는 상대적으로 쉽습니다.

초등학교 교사로 일하던 시절, 저는 아이들과 사적으로 이야기하는 것을 매우 좋아했습니다. 아이들도 저에게 자신의 이야기를 진지하게 하고 싶어 했습니다. 집에서 있었던 일, 학교를 오가며 있었던 일, 학원에서 있었던 일 등등 끊임없이 이야기했습니다. 어떤 때는 '그만 좀 말했으면 좋겠다' 싶을 정도로 말을 이어갔습니다. 자연스럽게 아이의 가정사나 친구 관계의 어려움을 알게 되었고, 아이들의 흥미나 소질에 대한 정보도 얻을 수 있었습니다.

아이마다 각기 다른 언어 세계

사람은 어디에 있든, 누구와 만나든 '자기규정성'을 가집니다. 자기규정성은 정체성과 유사한 개념입니다. 자기 자신을 어떻게 인식하고 타인을 만나는가에 따라 달라지지요. 가족들과 함께 있을 때 저는 엄마 또는 딸이나 여동생으로서 대화합니다. 학생들 앞에서는 교수로서 대화하지요. 운동 모임에 나갈 때는 운동의 규칙에 따라 행동하고 말하는 사람으로 바뀌고요. 어떤 시간이나 장소에서 누구를 만나느냐에 따라 말이나 행동은 달라집니다.

다른 사람들의 삶과 물려 들어가며 생겨나는 시공간이 어떠한 세계라면, 모든 사람은 하나의 세계 속에서만 살지 않습니다. 또한 사람은 모든 세계마다 다른 자기규정성을 지닙니다. 아이들 역시 마찬가지입니다. 가정에서의 규정성, 친구들 사이에서의 규정성, 학교에서의 규정성에 차이가 있습니다. 여기서 중요한 점은 다른 사람들과 관계 맺고 같은 세계 안에 존재하기 위해서는 서로 마음이 통해야 한다는 점입니다.

언어는 개인의 생각을 형성하는 도구이면서 집단의 사고를 위한 도구이기도 합니다. 이를테면 갓난아기는 언어를 배울 능력이 있지만, 특정한 언어를 인지하고 태어나지는 않습니다. 아기는 자라면서 어른들의 대화를 듣고, 화자의 말소리에 반응하는 청자를 보며 언어를 인지해 나가지요. 언어는 발화하며 타인에게 영향을 미치며, 그 과정에서 이해가 공유됩니다. 이는 인간 담화공동체에서 일어나는 상호 사고(inter thinking)[6]입니다.

아이가 언어를 유창하게 활용하려면 상호 사고를 하며 많은 대화를 해 보아야 합니다. 즉, 풍부한 언어의 사용 경험이 필요합니다. 그러기 위해서는 다양한 곳에서 여러 사람과 이야기할 기회가 많이 주어져야 하지요.

아이에게도 자기표현의 욕구가 있다

예전에 가족들과 함께 경복궁에 갔을 때의 일입니다. 우리 가족은 문화 해설사의 안내를 받으며 경복궁을 돌아다녔습니다. 해설사의 설명을 듣는 20명가량의 무리 중에 엄마 아빠 손을 잡고 온 어느 초등학교 저학년 아이가 있었습니다. 어려운 설명을 잘도 알아들으며 따라다닌다 싶어 아이를 기특하게 보던 차에, 불쑥 아이의 목소리가 들렸습니다.

"무슨 말인지 하나도 모르겠어요!"

갑작스러운 아이의 말에 해설사는 난감해했습니다. 곧바로 이어진 아이 엄마의 대응은 해설사는 물론 일행까지 깜짝 놀라게 만들었습니다. 엄마는 아이를 이렇게 다그치더군요.

"엄마가 언제 그렇게 말하라고 했어. 육하원칙으로 말하라고 했지! 누가, 언제, 어디서, 무엇을, 어떻게, 왜 모르는지 정확히 말해야지!"

엄마의 말에 아이와 함께 주변 사람들의 말문도 막혔습니다. 이 상황에서 아이가 어떻게 육하원칙으로 질문할 수 있을까요? 육하원칙으로 질문하기란 대체 어떻게 하는 것일까요? 글 쓰듯이 논리적으로 말하기란 어른들에게도 힘든 일입니다. 이렇게 부모가 말문을 막아 버리면 아이는 앞으로 자신의 생각을 말하기에 앞서 자기검열에 시달릴 것입니다.

인간에게는 누구에게나 타인과 소통하고 싶은 충동이 있습니다. 이를 '자기표현 욕구'(self-presentation)라고 합니다. 자기표현은 타인에게 자신을 드러내고자 하는 의지이면서, 타인이 지각할 자기 인상에 대한 통제이기도 합니다. 따라서 다양한 맥락에서 다양한 표현으로 나타날 수 있습니다. 언어학자 마이클 할리데이*M. A. K. Halliday*는 인간의 언어를 화자의 표현 욕구에 따라 다음과 같이 나누어 설명했습니다.[7]

언어의 유형	표현	내적 욕구
① 도구적 언어 (instrumental language	~하고 싶어요. (I want…)	자신의 욕구를 충족시키기 위해서
② 통제적 언어 (regulatory language)	내 말대로 해 주세요. (Do as I tell you…)	타인의 행동을 통제하기 위해서
③ 상호작용적 언어 (interactional language)	나 하고 너 하고 (You&Me…)	사회적 관계 형성을 위해서
④ 개인적 언어 (personal language)	저는 이런데요. (Here I come…)	자신의 의견이나 감정을 표현하고 싶어서
⑤ 상상적 언어 (imaginative language)	~인 것처럼 해 보자. (Let's pretend…)	상상이나 창의성을 발현해야 할 때
⑥ 발견적 언어 (heuristic language)	왜 그런 건데요? (Tell me why…)	주변 환경을 탐색하고 싶어서
⑦ 정보적 언어 (informative language)	할 말이 있는데요. (I've got something to tell you…)	다른 사람과 아이디어나 정보를 교환하기 위해서

경복궁에서 문화 해설사의 설명을 듣던 아이는 어떤 표현 욕구를 드러낸 것일까요? 아이는 "무슨 말인지 하나도 모르겠어요!"라고 말했지만, 그 안에는 여러 가지 내적인 욕구가 숨어 있습니다. 먼저 어려운 말을 알아들을 수 없으므로 자신이 지금 하나도 이해하지 못하고 있음을 드러내고 싶었을 것입니다.

아이의 말은 경복궁 해설에 대한 관심을 드러내는 방법이었습니다. 아이의 말을 엄마가 다정하게 받아 주었다면 어땠을까요? 아니, 그 전에 아이가 이해하기에는 아직 어려운 이야기라는 사실을 부모가 영민하게 알아차리고, 아이에게 그렇게 긴 시간 동안 문화 해설사의 강의를 듣게 하지 않았다면 가장 좋았겠지요.

아이들의 눈으로 세상을 바라본다면

어른들의 시선에서 아이의 말은 눈치 없는 헛소리로 인식될 때가 많습니다. 그러나 적어도 10대 이전의 어린아이들이 하는 말은 아이의 입장에서 진심 어린 표현을 한 것임을 기억해야 합니다.

언어발달학자 헬렌 비 *Helen. Bee* 는 어린아이들이 언어로 표현하기 전에 이미 많은 단어를 이해하고 있음을 실증적으로 밝힌 바 있습니다.[8] 아이의 말이나 만들어 내는 소리에는 나름의 의미가 있습니다. 최소한 의미를 만들려는 노력이 담겨 있습니다. 하늘 높이 날고 있는 비행기에서 작은 창문으로 뭉게구름이나 아득히 먼 육지를 내려다본다고 상상해 보세요. 놀라움과 경이로움을 느끼지 않을 수 있을까요? 이런 광경을 목격한다면 다들 저절로 무엇인가 말하거나 표현하고 싶어질 테지요.

어른들은 평소와 확연히 다른 크기의 감각 자극을 받아야 비로소 감동하지만 아이들은 그렇지 않습니다. 아이들이 지닌 감동의 불씨는 어른들 기준에서 매우 낮은 온도에서도 켜집니다. 어른들에게는 아무런 감동도 주지 못하는 사물이나 사건이라도 아이들에게는 경이롭고 신비한 첫 경험일 수 있습니다. 아이들이 시도 때도 없이 말하며 호기심을 가지는 이유입니다. 이러한 표현 욕구를 어른 방식의 '정확성'이나 '예의범절'을 앞세워 꺾어 버린다면, 아이의 말문은 막혀 버리기 십상입니다. 표현하고 싶은 욕구를 자연스럽게 받아들이는 부모의 허용적 마음이, 아이의 어휘력을 신장시키는 가장 기본적인 요소입니다.

대화

  혹시 말하는 도중에 아이가 끼어드는 경우가 있나요? 어린아이들이 어른들과 대화하고자 할 때, 어른들은 쉽게 "쓸데없는 소리를 한다"고 말합니다. 아이에게는 이런 말이 "너는 어른 세계에 들어올 수 없어"라는 말로 들리지요.

  물론 아이와 함께 나누기 어려운 이야기도 있을 수 있습니다. 아직 아이는 어른의 세계 밖의 존재일 수 있으니까요. 하지만 아이가 어른의 대화에 한 수 거드는 이유는 자신이 어떤 역할을 해야 할 순간이라고 느꼈기 때문입니다. 그렇지 않더라도 아이가 자신의 존재감을 표현하고, 느끼고 싶어서 한 말일 수 있지요. 긍정적이든 부정적이든 아이 또한 같은 세계 안의 존재로 인정받기를 원합니다. 그런 아이의 욕구를 인정해 주고, 이따금씩 대화에 초대해 보세요.

아이의 무의식에
어떤 어휘를 심어야 할까?

어릴 적 명절에 큰아버지 댁에 가면 신기한 풍경이 참 많았습니다. 저는 그중에서도 거실 책장 둘러보기를 좋아했습니다. 책장 칸칸마다 놓여진 작은 기념품이나 소품들을 보면서, 어디에서 왔는지 상상하곤 했지요. 금박이나 은박으로 글씨가 고급스럽게 적힌 두꺼운 책을 펼쳐 보기도 했는데, 글자가 너무 깨알같이 작아서 읽기 어렵겠다는 인상도 받았습니다. 나중에 알고 보니 그 책은 백과사전이었지요.

그러다 초등학교 5학년 때, 큰아버지 댁에서 백과사전을 우연히 열어 봤습니다. 이리저리 사전을 뒤적이다가 눈에 '무의식'이라는 단어가 들어왔습니다. 사람의 어떤 행동 뒤에는 행동을 유발시키는 의도가 있으며, 그러한 의도는 스스로 인식하지 못하는 거대한 무의식의 세계로부터 비롯된다는 설명을 읽고 나자 마음속에 커다란 구멍이 생긴 듯한 느낌이었습니다. 지금까지 열심히 배우고 익혀서 지식을 산처럼 쌓여 가는 중이라고 생각했는데, 도대체 무의식은 무엇인지 혼란스러웠습니다.

'무의식'이란 단어에 포함된 뜻

무의식이란 마음의 어떤 부분을 설명하는 단어입니다. 개념을 이해할 수 있지만, 실제로 체험하기는 쉽지 않지요. 이렇게 추상적인 생각을 나타내는 어휘를 '개념어' 또는 '사고 도구어'라고 합니다. 초등학교나 중·고등학교 문제집, 자습서를 살펴보면 '교과서 개념어' 관련된 교재가 많지요. 교재들은 교과별 필수 개념어를 익혀야 고득점할 수 있다는 광고와 함께 수험생들에게 손짓합니다.

개념어라고 해서 어려운 철학이나 사회과학 용어만 있지는 않습니다. 생활, 기분이나 감정, 역사, 공간, 사회, 과학 등 다양한 분야에서 개념어가 사용됩니다. 개념어의 형성 원리를 한자어, 사자성어, 단어의 혼합으로 만들어지는 어휘(합성어나 파생어) 등으로 익힐 수도 있고요.

그렇다면 개념어가 중요한 이유는 무엇일까요? 어떤 것을 끝까지 깊이 있게 생각하기 위해서 필요한 어휘이기 때문입니다. 눈에 보이는 대상에는 특색이 드러나도록 이름 붙이기(name-giving)를 하면 됩니다. 그런데 우리가 함께 모여 살아가는 세계에는 눈에 보이는 대상과 자연뿐만 아니라 눈에 보이지 않는 사회·문화적인 시공간도 존재합니다.

이처럼 보이지 않는 제도와 규범, 사람들의 역할과 관계, 이상적인 목표나 목적, 문화와 역사 등은 눈에 보이지도 않을 뿐더러 분명하게 이름 붙일 수 없습니다. 본질을 사유하고 재파악해야 하지요. 따라서 단어의 적합성뿐만 아니라 타당성도 생각해야 합니다. 개념어는 언어에 대한 사고가 포함되기 때문에 화자와 청자가 서로 충분히 이해해야 사용이 가능한 메타적 언어입니다.

예를 들어, '인간의 존엄성'이라는 말을 생각해 봅시다. 이 말은 인간으로서 존중받아야 한다는 기초적 의미로 받아들일 수도 있지만, 이렇게 사전적인 의미만 파악해서는 인간의 존엄성이라는 개념어를 확실히 이해했다고 말하기 어렵습니다. 우리 주변의 사회적인 현상과 문제에 대해 '인간의 존엄성'이라는 측면에서 판단하고 비판하며 대안을 제시할 수 있을 때 비로소 이 어휘를 제대로 이해했다고 할 수 있겠지요.

'나+너=우리'라는 어휘의 의미

어린아이들이 많이 헛갈려 하는 말 중에 '나'와 '너'라는 표현이 있습니다. '나'를 나라고, 상대방을 '너'라고 하면 되는 단순한 어휘인데 왜 이해하기 어려울까? 의아해하는 어른도 있을 것입니다.

〈타잔〉이라는 옛날 영화를 아시나요? 애니메이션으로도 만들어져 인기를 끌었지요. 타잔은 어릴 때부터 정글에서 고릴라에게 키워진 사람입니다. 인간의 언어를 배우지 못한 '야생아'(enfants sauvages)이기에 여주인공 제인은 타잔에게 언어를 가르칩니다. 타잔에게 "난 제인, 넌 타잔"이라고 말하면서 '나'와 '너'라는 인칭대명사도 가르치지요. 그런데 타잔이 대명사를 전환해서 "난 타잔, 넌 제인"이라고 말하기까지 상당히 시간이 걸립니다.

어린아이들의 경우에도 '나'라는 표현 전에 자기 자신을 먼저 이름으로 표현합니다. 왜냐하면 '나'와 '너' 같은 대명사는 상황에 따라 가리키는 대상이 달라지는 연동자(shift)입니다. 연동자는 상황에 따라 의미가 변하는 어휘로 '나', '너', '언니', '오빠' 같은 대명사, '여기'나 '지금' 같은 부사 등이 해당합니다. 이러한 연동자의 정확한 사용법을 이해해야만 자연스러운 문맥으로 타인과 대화할 수 있습니다. 연동자는 실제 대화뿐만 아니라 글을 읽을 때도 중요합니다. 수많은 상황 묘사를 제대로 이해하려면 연동자의 쓰임을 수시로 변경해 가면서 독해해야 하기 때문입니다.

어느 날 퇴근 후 현관에 들어서자 아들아이가 뛰어와서 대뜸 "너, 엄마지?"라고 물었습니다. 저는 바로 "응"이라고 답했지요. 아마도 제 이름이 '엄마'라고 생각한 것 같습니다. 이후 따라 들어온 아빠를 보고도 "너, 아빠지?" 하더니 대답도 듣지 않고 껑충껑충 뛰어서 거실로 가 버렸습니다. 우리 부부는 귀여운 아들을 혼내거나 야단칠 수 없었습니다. 대신 엄마나 아빠라는 단어가 연동자인지 잘 모르는 아들이 할머니들에게는 실수하지 않게 친정이나 시댁에 가기 전에 잘 가르쳐 주었습니다.

초등학교에서 배우는 개념어란?

'나'와 '너' 같은 어휘는 개념어의 가장 기초적인 성격을 잘 보여줍니다. 아이가 '나'를 대상으로 설명하지 않고, "나"라고 말할 수 있다면 철학적 사고를 시작한 셈입니다. 개념어를 배울 준비를 하는 셈이랄까요. 개념어는 그 활용 맥락을 떠나서는 명료하게 설명하기 어렵습니다.

아이들이 개념어를 가장 자주 접할 수 있는 곳은 학교입니다. 학교에서는 선생님이 내준 과제를 해결해 나가는 활동을 해야 하니까요. 이러한 활동에서 선생님이 사용하는 지시 사항은 주요 개념을 포함하는 경우가 많습니다. 초등학교 고학년으로 갈수록 더욱 많은 개념어가 쏟아집니다. 다음은 초등학교 3학년 사회과 교과서에 제시된 학습 목표들입니다.

- 우리 고장의 문화유산이 소중한 까닭을 알아봅시다.
- 우리 고장의 문화유산을 조사하는 계획을 세워 봅시다.
- 교통수단의 발달로 달라진 사람들의 생활 모습을 알아봅시다.
- 디지털 영상 지도의 사용 방법과 기능을 알아봅시다.

초등학교 3학년 아이들이 읽고 해결해야 하는 문제들입니다. 익숙한 대상을 표현하는 것이 아니라 무엇인가 관찰하거나 조사해야 하는 과제이기도 합니다. 이러한 관찰이나 조사의 과정은 모두 언어로 이루어져야 하지요. 특히 개념어가 활용되는 시공간이나 상황 맥락이 해석의 주요한 조건이 됩니다.

아이가 자신의 경험을 설명하고 타인의 경험을 들으면서 개념어 사용의 효과를 상상해 볼 기회가 주어져야 합니다. 이런 기회는 주로 학교에서 주어지지요. 아이가 학교 공부에 재미를 못 느낀다면, 개념어의 사용 맥락에 대한 이해가 충분하지 못했기 때문일 수도 있습니다. 자기주도적인 학습은 기본적으로 개념어 사용에 거리낌이 없어야 하며, 눈에 보이지 않는 사회 문화적인 현상에 대한 인문학적 상상력이 필요하니까요.

그렇지만 인문학적 상상력을 키우기 위해 다양하고 어려운 개념어를 많이 익히는 것이 정도는 아닙니다. 나와 타인의 상황 맥락을 메타적으로 바라보고 끝까지 사고하는 연습이 필요합니다. 주요 개념어의 정의와 가치에 대해 근본적으로 질문해 보세요.

앞서 언급한 초등학교 3학년 〈사회〉 교과서의 학습목표에 제시된 문화유산을 예로 들어봅시다. 문화유산에 대한 근본적인 질문을 만들어 보라고 하면, '문화유산은 무엇인가?', '문화유산은 존재하는가?', '문화유산은 좋은 것인가?', '문화유산에는 어떤 것들이 있는가?' 같은 질문이 예상됩니다. 이렇게 질문을 만들면 자신과 관계 있는 일로 상상하기 어렵습니다. 따라서 아이를 기준으로 그 정의와 가치를 생각해 보게 하는 일이 먼저 필요합니다.

'나에게 문화유산은 무엇인가?'
'나에게 문화유산은 존재하는가?'
'나에게 문화유산은 좋은 것인가?'
'나에게 소중하지 않은 문화유산이 있는가?'

이렇게 아이의 문제로 정의하고 가치를 떠올려 보게 하는 것입니다. 그러면 아이는 바로 '문화유산'이 나와는 매우 동떨어진 개념임을 인식합니다. 혹시 가족이 문화유산과 관련된 일을 한다면 가

깝게 느낄 수도 있겠지만, 많은 아이가 거리감을 느끼겠지요. 이렇게 개념어를 아이의 세계에 끌어들여 생각해 보게 하면, 그 용어를 사용하는 구체적인 맥락을 파악하기 쉽습니다. 그러면 아이의 머릿속 어휘 목록에 첨가하기도 쉬워집니다.

개념어

연상 게임도 개념어 이해에 도움됩니다. 방법은 간단합니다. 사고의 대상이 되는 단어나 품은 의미가 아이에게 필요한지, 어떠한 측면에서 가치가 있는지 떠올리면서 자문자답하도록 이끌면 됩니다.

'문화유산은 왜 필요하지?' → '우리 역사가 담겨 있는 것이니까.' → '역사는 왜 중요하지?' → '나의 조상들이 살아 온 삶이니까.' → '조상들은 왜 중요하지?' → '나를 존재하게 만들어 준 사람들이니까.' → '존재한다는 건 뭐지?' → '내가 누구인지 이해하는 것이지.' → '나를 이해하는 건 중요한가?' → '내가 어떻게 살지 알려 주니까.'

꼬리에 꼬리를 무는 질문과 대답으로 사유를 끝까지 연결해 봅니다. 그러면 아이는 자신의 사고 수준을 한 단계 높일 수 있지요. 개념어를 이해하고 생각의 폭을 넓혀 가는 일은 결국 철학적 사유와 연결됩니다. 나와 타인, 인간의 세계에 대한 이해를 풍성하게 만든달까요. 인류는 개념어 덕분에 눈에 보이지 않은 마음이나 생각을 효과적으로 붙잡을 수 있게 된 것인지도 모릅니다.

엄마의 말이
아이의 말을 결정한다

영아를 의미하는 'infant'는 라틴어 'infans'에서 유래했습니다. infans는 '말하다'라는 뜻의 라틴어 동사 'fans'의 반대를 의미하는 접두사 'in'이 결합된 말로, '말 못하는 아동'이라는 뜻이지요. 'infant'보다 더 흔하게 쓰이는 아기라는 뜻의 'baby'도 'babble'이라는 중세 영어에서 비롯되었습니다. 'babbling'은 옹알이를 말합니다. 옛사람들에게도 아기에게 말을 가르치는 일이 얼마나 중요한 과업이었는지 알 수 있는 대목입니다.

의사소통을 위한 어휘 표현

아이들이 처음 말하는 시기는 보통 생후 9개월경이지만, 어른과 제대로 의사소통할 수 있는 시기는 만 3세경부터입니다. 이때부터 문장 수준으로 말할 수 있기 때문입니다. 유아들의 어휘 발달은 일정한 비율로 증가하지 않습니다. 기간에 따라 어휘 습득이 느리기도 하고 빠르기도 합니다. 인지 및 발달 심리학자 데드리 겐트너 *Dedre Gentner* 는 아이가 사용할 수 있는 표현어휘의 수에 따라 어휘 발달의 단계를 다음 4단계로 봅니다. [9]

단계	표현어휘의 개수	특성
일상생활용어와 말놀이 단계 (routines & word games)	0~10개 미만	옹알이같이 자음과 모음을 짝을 이루어 발음하기 시작함. 주변 사람의 이름이나 '안녕', '맘마' 같은 일상생활용어를 사용함.
참조의 단계 (reference)	50~200개	8~19개월 사이에 해당함. 대부분 명사류 어휘 사용함.
서술의 단계 (predication)	200개~300개	단어와 단어를 연결해 표현하기 시작함.
문법 출현의 단계 (grammar)	300~500개	문장으로 표현하기 시작함.

일상생활용어와 말놀이 단계는 아주 기초적인 의사소통을 위한 표현이 시작되는, '맘마'나 '빠이빠이', '엄마', '아빠' 같은 단어를 말

하는 시기입니다. 그러다가 사용할 수 있는 어휘가 점점 늘어나면서 참조의 단계에 들어가지요. 이때부터는 말과 함께 제스처도 합니다. "안녕"이라는 말과 함께 상대편에게 손바닥을 들어 보이며 흔든다거나 전화를 표현하려 주먹을 귀에 가져다 대는 등의 행위를 합니다. 이 단계에서는 적어도 50개 이상의 단어를 이해하지만, 단어들을 연결해 표현하지는 못합니다. 서술의 단계에 들어가서야 단어와 단어를 연결해 표현하지요. 문법적인 역할을 하는 대명사, 의문사, 조사, 연결어미 등을 사용하면서 문장 표현이 가능해지는 것은 보통 36개월쯤입니다.

한국 아이들의 어휘 폭발기

위의 발달 단계는 영어를 모국어로 사용하는 문화의 경우입니다. 그렇다면 한국 아이들은 어떠할까요? 현재 보고된 연구에 의하면 20~21개월 사이에 100개의 어휘를 습득하며, 23~24개월 사이에는 어휘 폭발이 일어나서 하루에 평균 3~4개의 어휘를 습득한다고 합니다. 36개월에는 500개 정도의 표현어휘를 사용할 수 있으며, 문장형으로 말할 수 있습니다. 보통 남아보다는 여아가 상대적으로 풍부한 어휘를 사용합니다.

여기서 중요하게 살펴볼 시기는 보통 '어휘 폭발'이 일어나는

23~25개월 사이입니다. 보통 두 돌 정도가 되면 혼자 일어서고 걷고 뛰는 것이 가능해집니다. 팔이나 손, 손가락의 근육이 발달해 물건을 들거나 집을 수도 있지요. 원하는 곳으로 이동하고, 원하는 것을 만지거나 냄새 맡거나 맛볼 수 있는 시기에 경험의 영역도 기하급수적으로 늘어납니다. 이때 아이의 호기심을 채워 줄 적절한 자극과 반응이 매우 중요합니다. 이 시기 이후 어휘력의 개인차가 심해지는데, 크게는 500~600개까지 차이가 난다고 합니다. 만 2세 이후 주변 환경을 어떻게 조성해 주느냐에 따라 아동의 발달 정도가 달라진다고 언급한 교육학자 비코츠키의 통찰이 언어적인 발달에서도 의미 있는 정보라는 생각이 듭니다.

엄마 말이 중요한 이유

3세 이전 영아와 이야기를 나눌 때, 어른들은 주로 아이가 된 것처럼 말합니다. 이를 '엄마 말'(mothereses) 혹은 '아기 말'(baby talk)이라고 합니다. 학술적으로는 '아동 지향적 발화'(child-directed speech)라고 합니다.

어느 언어권을 막론하고 아동 지향적 발화는 음성이 높고, 과장되며 느릿느릿 말합니다. 아기 엄마들이 아이들과 대화하는 모습을 보면 엄마들도 아기처럼 이야기하죠. 영아들에게 이러한 '엄마

말'은 중요한 역할이 있습니다.

아기들은 자신의 일상에서 가장 중심적인 사람들인 아빠나 엄마, 멍멍이 같은 단어를 먼저 말하기 시작합니다. 이것은 타인과 정신적인 초점을 맞추는 데 참여하기 시작했다는 증거입니다. 이를 '공동 주의하기'(joint attention)라고 하는데, 아기가 외부의 사물이나 사람들에게 주의를 집중하는 현상을 말합니다.

엄마가 아기에게 이유식을 보여 주면서 "우리 아기 맘마 먹을까요. 맘마, 맘마?" 말할 때, 아기와 엄마는 이유식에 집중합니다. 겉보기에는 단순한 활동으로 보이지만, 이유식은 반복되는 '맘마'라는 단어와 연결되지요. 왜냐하면 엄마 말을 할 때, '맘마'라는 단어에 어김없이 다른 기능어보다 더 높은 목소리와 과장된 상승 음조가 들어가기 때문입니다.

단어

아이가 단어를 빠르게 습득한다고 해서, 가르쳐 주고 싶은 단어를 반복적으로 들려주기를 주의해야 합니다. 3세 이전의 아이는 하나의 단어만 말하더라도 어른의 생각처럼 사물만을 가리키지 않습니다. 우유병을 보고 손을 뻗으면서 "우유"라고 말한다면, 아이에게 "우유 주세요", "우유 마시고 싶어요", "이게 우유 맞지요?" 등의 분명한 의도가 있음을 숙지해야 합니다.

만약 단순히 '우유'라는 단어를 가르치고 싶어서 엄마가 "'우유'라고 말해 봐, 엄마한테 '우유'라고 해 봐, '우유'"같이 말한다면 어떻게 될까요? 아이가 금세 '우유'라는 단어를 따라 할지도 모르지만, 아이에게 '우유'라는 단어는 진정한 단어라기보다는 소리의 모방이나 반복에 지나지 않을 수 있습니다.

그보다는 아이가 '우유'라는 대상과 말소리를 연결할 수 있도록 해 주는 일이 중요합니다. 그래야 아이가 우유를 진정한 단어로 이해하고 다른 맥락에도 적절히 적용할 수 있습니다.

놀이로 배우는 어휘가
더 남는 이유

영어 crash(크래시)는 '쨍그랑 깨지다', '쨍그랑 깨지는 소리'로 쓰입니다. 차 사고도 'car crash'라고 하지요. 'crash a party'라고 하면 '초대받지 않은 파티에 가다'라는 말이 되고, 'crash at someone's place'는 '누구 집의 소파 등에서 자다'라는 뜻입니다.

최근에는 앱이나 프로그램이 '꺼지다'는 의미로도 쓰입니다. 하나의 단어가 이렇게나 다양하게 활용되지요.

미국의 초등학교에서 자주 활용되는 말놀이, 철자법 놀이 중에도 크래시(Crash)가 있습니다.

어릴수록 적은 낱말부터

크래시 놀이는 편을 둘로 나뉘어서 동일한 글자 수의 어휘를 생각한 후 상대편이 선택한 낱말에 들어간 알파벳을 맞히는 놀이입니다. 나이가 어릴수록 알파벳 수가 적은 낱말로 시작합니다. 알파벳 세 개로 구성된 낱말 맞추기를 하기로 가정해 봅시다.

먼저 세 글자 낱말을 서로 정합니다. A팀이 'bed'를 B팀이 'big'을 선택했다고 합시다. 이제 순서에 따라 서로 세 글자 낱말을 말합니다. 그러면 각 팀은 상대편이 말한 낱말 중 어떤 것이 옳은지 확인해 줍니다. 예를 들어 A팀이 'egg'라고 했다면, B팀은 자기 팀의 글자 'b(1)-i(2)-g(3)'의 순서에 따라 3번이 들어 있다고 대답하면 됩니다. 게임을 할 때 서로 알파벳 철자가 아니라 어휘를 말하기 때문에 상대방이 말하는 어휘의 철자를 알고 있어야 합니다.

영어의 경우 모음 글자 5개(a, e, i, o, u)가 20개의 모음 소리를 나타냅니다. 그러다 보니 서로 2번 정도 교차하면 십중팔구 모음을 확인할 수 있습니다. 또한 'w'가 어휘의 중간에 있다면 그 앞에 올 수 있는 자음이 'd, s, t'밖에 없으므로 게임은 수월하게 끝날 수 있지요. 유별난 알파벳을 선택하면 오히려 추측이 쉬울 수 있기 때문입니다. 이러한 활동은 영어 어휘의 철자법을 익히는 재미있는 놀이 중의 하나입니다. 한글 어휘를 지도할 때에도 놀이 형식을 할 수 있는데, 우선 가장 효과적인 받아쓰기에 대해 알아봅니다.

어휘력 향상을 위한 받아쓰기

받아쓰기는 어휘력과 맞춤법을 지도하는 가장 전통적인 방법이자 활동입니다. 몇 년 전까지만 해도 초등학교 1~2학년에는 학교마다 받아쓰기 급수표가 있었습니다. 급수표는 〈국어〉 교과서의 한 단원을 1단계나 2단계로 나누어서 주요 낱말 또는 표기가 어렵거나 헷갈리는 낱말들로 선별 구성하곤 했습니다. 1급은 '나, 너, 우리'에서 시작하지만, 학년말에 받는 30급에는 어마무시한 문장도 등장했습니다.

보통 초등학교는 등교일수에 따라 한 학기가 16주 정도입니다. 한 학년은 32주 정도로 마무리됩니다. 그러니 학생들은 거의 매주 한 급수에 해당하는 받아쓰기 공부 후 시험을 봐야 합니다. 초등학교 1학년 학생들이 받아쓰기 때문에 학교에 가기 싫어한다는 말이 나올 만도 합니다.

무작정 어려운 낱말들만 가려내어 받아쓰기 하면 아이의 어휘력과 맞춤법 신장에 일시적으로 도움이 될 수도 있습니다. 그러나 무리한 받아쓰기는 아이의 글쓰기 능력 향상에 오히려 방해가 될 위험이 더 큽니다. 글쓰기에 대한 막연한 피로감을 줄 수도 있고요. 따라서 받아쓰기를 하되, 아이의 사고력 발달이나 글쓰기 능력에 도움이 될 수 있도록 재미있는 활동으로 구성할 필요가 있습니다.

받아쓰기는 무조건 재미있게

저는 1학년 담임을 두 번 했습니다. 처음에는 받아쓰기 급수표 대로 시험을 보고 채점했지만, 시간이 지날수록 이런 방법으로는 아이들에게 받아쓰기에 대한 거부감만 늘리겠다는 생각이 들었습니다. 저 역시 초등학교 저학년 때 받아쓰기 시험이 가장 떨리는 순간이었으니까요.

고민 끝에 시험지를 따로 만들어서 받아쓰기를 진행했습니다. 항상 10문제였지만, 우리 반 아이들은 모두 90점이 넘었습니다. 글자가 틀렸다고 10점을 감점하지 않고, 틀린 글자 하나에 1점이나 0.5점을 감점하는 방식으로 채점했거든요. 그러니 10문제에서 틀린 곳이 1~2개 있다고 하더라도 아이들은 거의 90점이 넘었습니다. 아이들도 저의 채점 방식이 후하다는 것을 알았지만, 그럼에도 이런 방식의 받아쓰기에 대한 정서적 효능감은 매우 긍정적이었습니다. 학생들 스스로 받아쓰기를 잘한다고, 어휘와 맞춤법을 잘 알고 있다고 느꼈으니까요.

이 밖에도 받아쓰기 방법을 다양하게 변주함으로써 재미를 줄 수 있습니다. 초등학교 1~2학년 아이들은 선생님 놀이를 매우 즐깁니다. 선생님 놀이를 하자고 하면, 영락없이 담임 선생님 흉내를 내지요. 이럴 때 선생님이 된 아이가 낸 받아쓰기 문제를 엄마 아빠가 공책에 써 보세요. 아이는 문제를 내기 위해서 낱말을 여러 번 보겠지요. 일부러 맞춤법을 틀리거나 하면 아이는 엄마 아빠에게 신나서 올바른 글자의 모양을 가르쳐 줄 것입니다.

응용으로 친구와 받아쓰기를 할 수도 있습니다. 친구와 함께 선생님 놀이를 하되, 주제는 받아쓰기가 되는 것이지요. 우리 반 아이들은 이 시간을 정말 즐겼습니다. 교실을 이리저리 돌아다니면서 둘러 보면, 입 모양을 과장하면서 발음을 잘해 보려 애쓰는 꼬마 선생님들이 대부분입니다. 맞춤법이 틀린 아이에게 살짝 힌트를 주는 꼬마 선생님도 있지요. 당연히 채점도 같이합니다.

교실 안이 조금 소란스럽기는 했지만, 아이들이 신나서 글자를 확인하고 이야기하는 활동은 교사가 엄격한 분위기에서 이끄는 긴장된 받아쓰기 활동보다 오히려 더 효과적이었던 것 같습니다.

프랑스 아이들의 받아쓰기

프랑스 단어에는 표기할 때만 쓰고, 발음하지 않는 철자가 많습니다. 동사의 활용이나 명사의 성에 따라 관사가 다양하게 붙기 때문에 한글 맞춤법보다 표기가 복잡해 보입니다. 당연히 프랑스 초등학교에서도 받아쓰기는 주요한 학습 활동입니다. 저학년부터 고학년까지 모두 받아쓰기를 합니다. 이들의 받아쓰기는 우리나라와 조금 다릅니다. 크게 두 가지 방식의 받아쓰기가 있지요.

첫 번째는 학생 스스로 문장을 외워서 쓰는 받아쓰기입니다. 매주 선생님이 좋은 문장이나 문단, 시 등을 제시하면, 일주일 동안 문장을 외웁니다. 좋은 문장을 외우는 자체로도 아이들에게 귀한 경험입니다. 받아쓰기 시간에는 선생님이 나누어 준 백지 위에 미리 암기한 문장을 써 내려가지요. 프랑스인들이 암송하는 시가 많은 이유도 외워서 받아쓰기를 한 덕분 아닐까 싶습니다.

두 번째는 선생님이 말한 내용을 사용되지 않은 단어로 요약하는 받아쓰기입니다. 타인의 언어를 알아듣고 자신의 언어로 치환해서 표현하는 방법은 사고를 표출하는 표현어휘의 사용을 늘릴 뿐만 아니라 새로운 개념이나 방법, 이질적인 사고를 자기화하는 연습이라고 할 수 있습니다.

프랑스의 받아쓰기 문화는 받아쓰기를 맞춤법 익히기 전략으로만 무엇보다 글쓰기를 매우 중요시합니다. 이런 받아쓰기도 기본적인 암기력이 바탕이 되어야 할 테지만, 부르는 낱말을 옳게 받아쓰는 수동적 능력보다는 학생 스스로 사고할 수 있는 능동적 능력에 주력한다는 점은 눈여겨 볼 필요가 있습니다.

어휘력 더하기+
받아쓰기

받아쓰기는 어휘가 아니라 적어도 문장 수준에서 해야 합니다. 이 말은 처음부터 문장을 받아쓰도록 한다는 의미가 아닙니다. 불러 주는 어휘를 쓰기보다 □(네모) 안에 글자를 넣도록 해야 한다는 것입니다. 예를 들어 '나, 너, 우리'를 쓰게 하는 것이 아니라, '□는 학교에 갑니다'처럼 제시해야 합니다.

이보다 더 쉽게 □ 안에 'ㄴ'을 써 놓은 채 문장을 제시해도 좋습니다. 이렇게 문장으로 제시하면 아이들도 귀 기울여 듣고 어휘를 씁니다. 이런 식으로 □의 개수를 늘려가는 것입니다. 그래야 어휘가 어떤 상황이나 맥락에서 활용되는지 알 수 있습니다. 죽은 어휘가 아니라 살아 있는 어휘를 배우게 되지요. 최종적으로는 문장을 불러 주고 쓰도록 하는 것도 좋습니다.

듣기보단 말하기,
읽기보단 글쓰기

사람들 사이에서 일어나는 언어적 의사소통은 언어가 가지는 단어와 규칙 공유를 전제로 합니다. 특히 단어는 관습적인 소리와 의미의 쌍을 이루면서 인간의 마음속 사전을 통해 의사소통을 가능하게 하는 강력한 수단이 됩니다.

자기 생각을 소리나 글자로 표현하는 화자는 청자가 소리나 글자로 자기 생각을 안다고 믿습니다. 단어로 생각을 전할 수 있다면 서로의 마음속 사전에서 하나의 단어가 동일히 이해되기 때문입니다. 단어의 의미는 개인의 마음속 사전에 기재된 항목과 연결되며 단어마다의 개념이 담겨 있습니다.

우리나라 초등학교의 어휘 교육 체계

우리나라 초등학교에서 이루어지는 어휘 교육은 문식성 지도와 함께 진행됩니다. 저학년에서는 한글 깨우치기와 함께 진행되는데, 문자를 음성언어로 '해독'하거나 음성언어를 문자언어로 표기하는 맞춤법 교육에 초점을 맞추고 있습니다. 초등학교 1~2학년에서는 받아쓰기 시험을 위한 단어 학습이 주를 이룹니다. 이때 받아쓰기 단어는 표기의 어려움에 따라 선정되는 경우가 많습니다. 3학년에서는 국어사전 찾는 법을 배웁니다. 한글 자모의 순서대로 정리된 사전을 찾고, 그 의미를 사전에서 확인할 수 있을 때 단어에 대한 학습은 거의 마무리됩니다. 교사들도 3학년 이후부터 교과서에 나타나는 단어의 의미를 따로 지도하기보다 사전 찾기를 독려합니다.

교육학자 샤론 케인 *Sharon Kane* 은 인간이 사용하는 어휘를 '이해어휘'(receptive vocabulary)와 '표현어휘'(expressive vocabulary)로 나누어 설명합니다. [10] 이해어휘는 청자의 말을 듣거나 지문을 읽을 때 이해할 수 있는 어휘들을 말합니다. 이해어휘는 청자의 입장에서 그 의미나 용법을 알고 있는 어휘로서 수동적 어휘, 획득어휘라고 할 수 있습니다. 반면, 표현어휘는 말하거나 글 쓸 때 사용할 수 있는 어휘입니다. 아이가 적극적으로 사용 가능한 어휘이므로 능동적 어휘, 발표어휘, 사용어휘라고 합니다.

사람마다 차이는 있지만 보통 표현어휘는 이해어휘의 20~30퍼센트 정도라고 알려져 있습니다. 표현할 수 있는 어휘는 이해하고 있는 어휘의 5분의 1수준밖에 되지 않습니다. 어휘력이 높은 아이들은 많은 어휘를 읽어 내고 표기할 수 있을 뿐만 아니라 상황과 맥락에서 어휘의 의미를 파악하고 표현하는 데 능숙합니다.

어휘력이 좋은 사람이란 이해어휘와 표현어휘의 간극이 적은 사람입니다. 어휘는 받아쓰기하듯이 익히기보다 의미를 생각하며 문맥 속에서 익혀야 합니다. 그래야 이해어휘와 표현어휘의 간극을 줄일 수 있습니다.

테드 창 _Ted Chiang_ 의 SF 소설 〈당신 인생의 이야기〉를 원작으로 제작된 영화 〈컨택트〉(2016)[11]는 외계인과 언어로 소통하는 사건 중심으로 전개됩니다. 외계인들은 지구에 온 이유를 "무기를 제공하기 위해서"라고 말합니다. 그러자 군인들은 외계인의 침공이라고 결론 맺고, 금세 전투태세를 갖추지요. 하지만 언어학자 뱅크스는 무기라는 단어가 다른 의미로 쓰였을 수도 있다면서 외계인을 이해하려고 합니다. 결국 뱅크스는 언어로 교감하면서 일측촉발의 상황을 평화롭게 해결하는 데 성공합니다.

군인들은 자신들의 입장에서 '무기'를 이해했지만, 뱅크스 박사는 외계인이 표현 의도를 생각해 '무기'를 이해하려 했습니다. 군인들의 어휘력은 이해어휘 차원에 머물러 있다면 뱅크스 박사의 어휘력은 표현어휘 차원까지 고려한 것이지요.

어휘와 맥락은 분리될 수 있을까?

텍스트 안에서 또는 밖에서 어휘를 만날 때, 우리는 무수한 맥락 중 어떤 것을 드러내고 감출지 끊임없이 선택해야 합니다. 단어의 의미는 주체가 가지는 맥락과의 관련성 속에서만 의미를 가지므로 단어와 맥락은 서로 분리될 수 없습니다.

최근 학교 선생님들도 학생들이 처한 상황이나 맥락에 따라 학습활동을 구성합니다. 학생들의 생활과 동떨어진 주제나 대상을 다루기보다는 학생들에게 친숙한 주제나 사물을 다루는 것입니다. 그런데 초등학교 학생들의 경우 상대적으로 경험이 폭이 좁기 때문에 다양한 상황이나 맥락을 구성하기에 어려운 점이 있습니다. 때문에 아이들의 실제 생활 못지않게 언어교육에서 많이 활용되는 것이 바로 이야기입니다.

이야기는 어휘력 교육에서도 활용도가 높습니다. 이야기 텍스트는 화석화된 어휘에 맥락을 불어넣습니다. 이야기는 세계를 반영하고 현실을 재현합니다. 텍스트 안에서 형성되는 맥락은 이야기 속 기표들의 관계로 구성됩니다. 등장인물, 시대적 배경, 대사, 사건, 풍경 묘사 등으로 이야기는 내적 논리를 가지고 맥락을 형성합니다. 맥락은 개개의 단어가 아니라 이야기를 통째로 읽을 때 드디어 획득되는 유기체 같은 것입니다. 이야기 읽기란 이러한 유기체를 경험하는 것이며 그 의미는 이야기가 본디 지닌 내적 맥락과 독자의 맥락이 조우함으로써 완성됩니다.

의미는 텍스트 자체가 순수하고 자율적이며 독립적이기 때문에 드러나는 것이 아닙니다. 그 텍스트를 읽는 독자, 그리고 텍스트와 독자를 둘러싸고 있는 사회 문화적 맥락에서 비롯되는 것입니다. 텍스트의 이해란 결국 현실에 조응한다는 의미입니다. 이렇게 맥락 속에서 어휘를 이해하고 부리는 능력이 바로 질적 어휘력입니다. 어휘가 그것을 둘러싼 맥락이 소거된 상태에서 이해되기란 거의 불가능합니다. 맥락 없는 진공 속에서 어휘는 항상 결핍 상태에 있다고 할 수 있습니다.

어휘력 더하기+
새로운 단어

어휘력을 질적으로 향상시키려면 아이와 함께 새로운 단어로 표현하는 연습을 많이 하는 것이 좋습니다. 가장 쉬운 방법은 책을 활용하는 것이지요. 특히 재미있는 그림이 실린 그림책을 활용하면 좋습니다. 아이는 좋아하는 그림 1장만으로도 수많은 이야깃거리를 만들 수 있으니까요.

함께 이야기를 읽을 때는 먼저 아이가 새롭게 알게 된 단어에 집중해서 대화하는 것이 좋습니다. 책에서 나온 장면을 다시 한번 말해 보면서 새로운 단어를 사용하는 것입니다. 그다음으로는 아이가 실생활에서 그 단어를 사용할 수 있을지 탐색합니다. 물건이나 사람 혹은 장소같이 대상성이 선명한 단어들은 아이가 소유하거나 체험했을 때의 느낌을 말해 보도록 합니다. 추상적인 감정이나 제도, 규범 등과 같은 단어는 아이의 생활에 적용해 표현하게끔 할 수도 있습니다.

3장

아이의 어휘력은
어떻게 자랄까?

어휘력은 언제
폭발할까?

초등학교 입학 즈음 많은 부모의 가장 큰 관심사는 '언제 아이의 한글을 깨우쳐 줄 것이냐'입니다. 많은 부모가 일반적인 아이가 갖추어야 하는 지식과 수행력의 기본 수준을 바랍니다. 우수한 학교 성적을 얻기 위해서는 일정하게 기본 이상 성과를 거두어야 한다는 것을 알기 때문입니다. 그래서 학교 공부의 기본이 되는 한글 깨치기에 자연스럽게 관심을 갖지요. 이때 평균적으로 문자를 깨치는 시기가 중요한 것이 아닙니다. 그보다는 현재 우리 아이의 상황을 이해하는 것이 중요하지요.

아이마다 다른 한글 깨치는 시기

우리나라를 포함한 거의 모든 나라는 국가가 정한 학제로 교육을 구현합니다. 초·중·고등학교의 교육과정은 정해진 틀 속에서 운영되지요. 교육과정은 교과교육과 다채로운 활동이 제공되는 비교과교육으로 구성됩니다.

최근에 개정된 우리나라 교육과정에서는 초등학교에서 한글 깨치기의 시작과 마무리가 가능하도록 다양한 지원 체계를 구축하고 있습니다. 이른바 '한글책임교육'이라는 목표 아래 느린 학습자도 천천히 한글을 깨우칠 수 있도록 돕겠다고 합니다. 이러한 정책의 저변에는 가정 형편이나 지역에 따른 문식성 격차를 줄이고, 교육의 형평성을 실현하겠다는 의지가 담겨 있습니다. 부진한 학생들의 조화로운 편입을 안정적으로 지원하겠다는 것입니다. 학부모들이 환영할 만한 조치라고 생각되지만 한글 깨치기가 학교에서만 이루어질 수는 없습니다. 가정에서도 아이의 읽기 실력이 어떻게 발달하는지 이해하고, 상황에 맞게 지원해야 합니다.

우리 아들딸은 한글을 익힌 경로가 각자 다릅니다. 딸인 큰아이는 일주일에 한 번 방문 선생님에게 한글을 배웠습니다. 첫아이를 키우는 초보 엄마들이 그렇듯 저도 늘 첫아이에 대한 조바심이 있었습니다. 주변에 살고 있는 아이들은 대단한 무엇인가를 하는 것 같고, 맞벌이 엄마라 아이를 부실하게 키우지는 않은지 늘 불안했습니다. 그래서 나름대로 거액을 투자해서 교구를 사고, 교구로 한글을 공부시켰습니다.

큰아이는 제법 일찍 한글을 읽고, 썼습니다. 처음에 글자의 뜻을 알지 못하는 자신을 무척 답답해했는데, 그래서 더 빨리 한글을 깨친 듯합니다. 아들인 작은아이는 누나와 완전히 성향이 달랐습니다. '큰아이가 글자를 배우기를 좋아했으니, 작은아이도 그렇겠지'라는 막연한 생각은 빗나갔습니다.

작은아이는 엄마가 읽어 주는 책은 재미있게 들었지만, 스스로 읽고 싶어 하지 않았습니다. 글자에도 관심이 없었습니다. 반복적으로 책을 보거나 소리 내 읽는 일은 매우 싫어했습니다. 좀 더 기다렸다가 가르치는 것이 낫겠다고 판단하고, 그냥 책만 읽어 주던 어느 날이었습니다.

작은아이가 저에게 불쑥 말했습니다.

"엄마, 나 한글 쓸 줄 안다."

너무나 놀라워 한번 써 보라고 했더니 '배예은'라는 세 글자를 썼습니다. 누가 봐도 여자아이의 이름이었습니다. 정말 황당했습니다. 당시 아들은 자기 이름도 대충 읽을 수만 있고, 쓸 줄은 모르는 상황이었기 때문입니다. 아들을 며느리에게 빼앗겼다고 생각하는 시어머니들의 배신감을 순식간에 이해할 수 있었습니다. 내가 그렇게 가르치려고 할 때는 거들떠보지도 않더니……. 한편으로는 약이 올랐지만 꾹 참고 이렇게 칭찬했습니다.

"우리 아들, 정말 대단하다!"

다음 날 저는 아들을 데리러 유치원에 가서, 아들보다 먼저 예은이를 찾았습니다. 도대체 어떤 여자아이길래 글자 공부라면 얼굴부터 찌푸리던 우리 아들을 변화시켰는지 궁금했습니다. 선생님께 들은 내막은 이랬습니다.

우리 아들은 맞벌이 엄마 덕분에 누구보다 먼저 유치원에 도착했는데, 어느 날부터인가 예은이가 등원할 때마다 아들아이가 가방을 받아 주고, 이름이 적힌 정리함에도 넣어 주고, 실내화까지 꺼내 주었다고 합니다. 정규 수업 시작 전까지 아들은 예은이에게 필요한 물건들을 먼저 꺼내 주고, 대신 정리하면서 비서를 자청했다더군요. 그러다 자기도 모르는 사이 예은이의 이름 글자마저 외워 버린 것입니다.

사랑의 힘이란 정말 대단합니다. 부지불식간에 한글도 깨치게 만드니까요. 그렇게 한글을 읽기 시작한 아들은 그때부터 읽을 수 있는 글자가 기하급수적으로 늘어났습니다. 자모의 이름이나 순서를 외우지도 못하고, 맞춤법에 맞게 쓸 줄도 몰랐지만 한글을 소리 내 띄엄띄엄 읽었습니다. 쉬운 글자는 그리듯이 쓰기 시작했습니다. 남편은 '배예은' 덕분에 아들이 한글을 깨친다며 뭐라도 사주어야겠다고 우스갯소리를 했지만, 저는 큰아이에게 제공한 한글 공부 방법이 어떤 아이들에게는 무효할 수도 있다는 생각에 머리를 얻어맞은 듯했습니다.

언어교육, 어떻게 접근하면 좋을까?

이론적으로 들어가면 문자습득을 위한 교육방법에는 크게 세 가지가 있습니다.

첫 번째는 '음운론적 언어 접근법'(Phonics Language Approach)입니다. 국내에는 '발음 중심 접근법'으로 알려졌습니다. 말소리를 글자로 옮기는 메커니즘에 따른 지도방법입니다. 아이들에게 자음과 모음의 체계, 글자와 말소리의 대응, 철자법 등을 체계적으로 강조합니다. 자음과 모음 같은 낱자 먼저 지도하고, 발음의 용이성에 따라 글자를 지도한 뒤 단어나 문장으로 확장하는 방법입니다.

발음 중심 접근법은 글자를 말소리로 변환시키는 능력의 자동화 방향으로 진행됩니다. 글자를 말소리로 변화시키는 것을 해독

(decoding)이라 하고, 반복적인 연습으로 자모음이 결합된 글자를 바로 이해하는 것을 부호화(encoding)라고 하지요. 우리가 글자를 유창하게 읽을 수 있는 이유는 우리 안에서 글자나 단어의 형태로 부호화되었기 때문입니다. 다만, 자음과 모음의 모양을 외운 다음 번거롭게 음가를 외워야 한다는 한계를 지닙니다. 한자 같은 표의문자를 지도하기도 어렵고요.

두 번째는 '총체적 언어 접근법'(Whole Language Approach)입니다. 흔히 '의미 중심 접근법'이라고 불립니다. 음운론적 언어 접근법과는 달리 글자의 형태와 말소리의 연결보다 의미를 중시합니다. 아이들에게 친숙한 상황이나 재미있는 이야기를 들려주면서 관련 글자를 지도합니다. 우리 아들의 문자습득 방식이 바로 의미 중심 접근법이지요.

의미 중심 접근법에서는 아이에게 가장 중요한 것, 관심이 있을 법한 주제로 지도합니다. 아이의 이름이나 집 주소, 부모님 이름 등을 먼저 가르치지지요. 철자가 힘들고 복잡하더라도 개의치 않습니다. 왜냐하면 아이에게 자주 노출된 글자일 가능성이 높기 때문에 빨리 습득할 수 있으니까요. 대신 아이가 글자 구성 원리나 체계를 모르기 때문에 빠른 시일 내에 어려운 글자까지 습득하기는 어렵다는 단점이 있습니다.

두 접근 방법의 단점을 보완해서 제시된 방법이 세 번째인 '균형적 접근법'(Balanced Literacy Instruction)입니다. 균형적 접근법은 글자에 대한 지식, 글자와 소리의 관계에 대한 지식, 자음과 모음 체계의 이해에 대한 기초 기능을 직접적이고 명시적으로 가르치는 한편, 아이의 처한 실제 상황이나 재미있는 이야기와 함께 글자를 습득하도록 합니다.

이처럼 문자습득을 위한 교육은 어떤 글자냐에 따라 접근 방법이 달라집니다. 음소문자와 표음문자는 발음 중심 접근법이 더 적합하고 음절문자와 표의문자는 의미 중심 접근법이 더 적합하다고 알려져 있습니다.

한글은 어떤 문자일까요? 한글은 자음과 모음으로 표기하는 음소문자이면서, 음절문자같이 모아쓰기를 합니다. 또한, 표음문자이면서 표기상으로는 표의주의를 채택하고 있습니다. 예를 들어 '값'이라는 글자를 말소리에 따라 표기하지 않고 형태소 '값'을 지켜서 '값으로, 값이, 값까지, 값없이' 등으로 표기합니다. 이중적이고, 양면성이 높은 독특한 표기 체계입니다. 이에 우리나라 초등학교 1학년 교과서에서는 균형적 접근법을 따르고 있습니다.

방법보다 중요한 것은 시기

앞서 언급한 것처럼 '아이가 어떻게 문자를 습득해야 하는가'보다는 '글자를 익힐 준비가 되어 있는지'가 더 중요합니다. 그렇다면 아이가 읽기 준비를 마쳤는지 어떻게 알 수 있을까요?

먼저 아이의 지적·정서적·신체적 준비 상태를 모두 살펴야 합니다. 그리고 지적인 측면에서 글자 모양을 변별하는 시·지각 변별력이 일정한 수준에 올랐는지 확인합니다. 아이들이 글자를 배우는 과정에서 2와 5 혹은 6과 9를 분간하지 못한다든지 ㅅ과 ㅈ 또는 ㅂ과 ㅍ을 혼동하는 현상을 발견됩니다. 시·지각 변별력에서 준비가 덜 되었기 때문입니다. 학습한 글자의 모양도 어느 정도 기억해야 하며, 자모의 구성 요소에 따라 글자들을 나누어 인식할 수 있는 분석력도 필요합니다.

글자 배우기에는 지식이나 경험도 중요합니다. 이를테면 책이나 문자 텍스트와 관련된 경험적 지식이 필요하지요. 글자를 쓸 수 있으려면 일정 정도로 시·지각과 손 운동의 협응력도 갖추어야 합니다.

세종대왕이 창제한 《훈민정음》에 실린 정인지의 서문에는 한글이 얼마나 배우기 쉬운 글자인지 잘 설명되어 있습니다. 훈민정음 28자는 그 전환이 끝없지만 배우기는 매우 쉬워 지혜로운 자는 하루 만에 배울 수 있고, 어리석은 자도 열흘이면 모두 익힐 수 있다고 했습니다. 바람이나 동물 소리까지 모두 표현할 수 있는 유용한 글자라고도 했지요.

요즘 아이들은 아주 어릴 때부터 스마트기기 화면에서 글자를 봅니다. 자연스레 자판을 두들기며 글자를 치는 시기도 예전보다 상대적으로 빨라졌습니다. 한글 깨치기의 시기가 점점 빨라지는 까닭입니다. 한편에서는 5~6세가 되었을 때 문자를 지도해야 한다는 성숙주의 이론을 엄격하게 받아들여, 아이에게 일찍 문자를 지도하지 않습니다. 부정적인 영향을 미치지는 않을까 걱정하기 때문이지요.

하지만 아이가 글자를 읽고 싶어 하고, 배우고 싶어 한다면 일반적으로 알려진 문자습득의 적정 나이는 중요한 기준이 아닙니다. 아이가 말을 배우고 다른 사람과 소통하며 세계에 대한 이해를 넓히듯 문자를 배워서 사유의 폭을 넓힐 수 있도록 유도하는 일이 가장 중요한 기율일 수 있습니다. 자연언어가 주는 사유의 창조성만큼 문자언어가 주는 창조성 역시 경이롭기 때문입니다.

언어 교육

아이에게 한글과 영어를 함께 지도하는 부모가 점점 늘어납니다. 영어유치원의 인기가 이런 현상을 잘 보여 주지요.

어려서부터 다양한 언어를 접하는 일은 매우 훌륭한 언어 환경 조성입니다. 프랑스 아이들은 유치원에서 영어를 배웁니다. 중학교에서는 제2언어를, 고등학교에서는 제3, 4의 언어까지 배웁니다. 이들이 배우는 언어에는 프랑스어와 표기와 발음이 유사한 언어뿐만 아니라 중국어나 일본어, 한국어, 아랍어까지 포함됩니다. 유럽연합으로 왕래가 자유로운 지리적 환경도 아이들에게 다양한 언어 습득의 기회를 열어 주지요.

조기 언어 교육에서 가장 중요하게 생각해야 할 것은 자녀의 개성이나 자질입니다. 아이가 언어에 대한 민감성이 높고, 문자에도 관심이 높다면 다양한 언어를 제공해도 무방하지만, 문자에 대한 아이의 관심이 높지 않다면, 무리한 문자습득 요구는 자제해야 합니다. 자칫하면 자연스러운 문자습득의 기회를 놓칠 수도 있기 때문입니다. 문자습득에서 받은 스트레스는 자연스럽게 이후의 학업에도 영향을 미칩니다. 부지불식간에 문자를 습득할 수 있도록 아이의 흥미와 자질을 존중해 글자 공부를 시켜야 합니다.

아이가 생각을 또박또박
표현하려면

초등학교 입학 전, 부모의 가장 큰 걱정이 아이의 한글 깨치기라면 그다음은 영어인 것 같습니다. 이에 영어유치원을 보내면서 우리말과 영어를 동시에 가르치고자 하는 학부모도 많습니다. 요즘은 영어유치원을 표방하지 않더라도 영어 원어민 선생님이 가르치는 유치원도 상당히 많습니다.

아이가 영어에 흥미를 느끼고, 노출될 기회가 많은 환경이라면 영어유치원에 다녀도 좋겠지요. 그러나 아이들에게 유치원이나 학교의 궁극적인 의미는 다른 아이들과 소통하고, 공동체에 속하는 경험을 제공한다는 데 있습니다. 연장자인 선생님을 따르고, 또래 아이들과 소통하며 과제를 해결하고, 함께 운동하고 움직이며 즐거워하는 일이 문자학습보다 더욱 중요합니다. 아이가 살아갈 세상은 다른 사람과 어울려 함께 일할 곳이니까요. 유치원이나 학교는 작은 사회로의 가치가 가장 큽니다.

그림과 함께 시작하는 책 읽기

아이가 문자에 관심을 보이고, 호기심을 보이는 시기가 되면, 부모는 한글 공부를 학업의 시작으로 생각합니다. 학업의 근간이 되는 한글을 공부할 때, 윤리적으로 판단할 수 있도록 아이를 도와주어야 합니다. 윤리적 판단이란 자신이 하는 일의 가치를 파악하는 일입니다. 누가 시켜서, 또는 혼나지 않기 위해서가 아니라 스스로 동기나 취향에 따라 행동할 수 있게끔 행동 감수성을 신장시키는 일이라고 할 수 있습니다.

아이들에게 행동 감수성을 심어 주기 가장 좋은 교구는 그림책입니다. 글자 없는 그림책부터 단어 그림책·문장 그림책·글 그림책까지 그림책은 수준이 다양합니다. 다루는 글에 따라 시·동화·옛이야기, 주제에 따라 인성이나 습관 형성 등 다양한 내용을 다룹니다. 정보 그림책은 생물이나 자연현상, 우주의 신비에 이르기까지 상당히 넓은 분야의 내용을 다룹니다.

그림책은 크기도 다양합니다. 손바닥만 한 아기 그림책에서부터 일반 그림책의 3~4배가 되는 커다란 빅북(big book)까지. 병풍처럼 펼쳐지는 아코디언북 스타일도 있습니다. 이 밖에 팝업북이나 그림자 그림책도 있지요. 검은색 종이에 불빛을 비추면 새로운 형상이 드러난다든가, 귀퉁이를 꾹 누르면 소리가 나는 다양한 양식적 변주도 이루어집니다. 조금만 관심을 갖고 검색해 보면, 아이와 함께 읽고 싶은 그림책을 어렵지 않게 찾을 수 있습니다.

처음에는 그림이 단순한 책으로 시작하면 좋습니다. 어른들이 좋아할 만한 화려하고 복잡한 그림보다는 단순하고 선명한 색에 단순한 선으로 구성된 그림이 실린 책들이 좋습니다.

《서양미술사》(1950)를 쓴 에른스트 곰브리치 Ernst H. J. Gombrich 에 의하면, 대상에 대한 반응은 유전적인 기질도 있지만, 후천적인 영향도 크다고 합니다. 하버드 대학교 교수이면서 과학 철학자였던 넬슨 굿맨 Nelson Goodman 은 태어날 때 주어진 인식의 형식은 없으며, 후천적으로 선별된 인식 형식만이 있을 뿐이라고 언급하기도 했습니다. 이런 이론에 따르면 언어능력이 발달한 아이일수록 그림에 대한 인식능력도 높을 가능성이 있습니다. 이런 해석은 자연스럽게 그림에서 얻을 수 있는 정보가 단순할수록 유아의 인지적 부담을 덜어주리라는 결론에 다다르게 합니다. 참고로, 보통 학령기 전 어린아이들의 집중력은 8초 정도로 알려져 있습니다. 아이들의 집중력은 그만큼 집중하는 시간이 아주 짧습니다.

그림책은 아이의 감식안을 키운다

루돌프 맥크릴 *Rudolf A. Makkreel* [12]에 따르면, 우리 마음 안에서 이미지는 두 가지 방식으로 만들어진다고 합니다. 실물을 직접 보거나 듣고, 만지거나 냄새 맡으면서 지각할 때와 그 실물을 마음속으로 생각할 때입니다.

우리는 실제로 무엇인가 보고, 만지고, 소리를 듣고, 냄새를 맡으면서 어떤 느낌을 받습니다. 이러한 느낌은 언어로도 표현되지만 음악이나 그림, 행동으로도 표현되지요. 때로 아이들은 선명하지 않은 느낌을 확인하고 싶어서 어떤 물건을 갖고 싶어 하고, 특정 장소에 가고 싶어 하기도 합니다. 이 과정에서 아이는 자기가 경험한 대상이나 상황, 특정 장소나 공간에 대한 인식을 갖습니다.

우리의 세상이 유동적 시각에 노출된 삼차원 세계라면 이차원의 회화면은 색과 형태가 변형된 세계입니다. 이 세계에는 그림 작가의 의도가 포함될 수밖에 없습니다. 작가의 표현 방식에 따라 대상에 대한 표현도 달라집니다.

우리가 쉽게 인식하는 대상의 외형은 우리 안에 있는 개념의 틀에 의해 사유됩니다. 즉, 그림을 보고 무엇인지 인식하는 일은 다분히 언어적 틀 안에서 이루어집니다. 그렇기에 아이와 그림책을 '함께' 읽기가 중요합니다. 아이가 빨리 한글을 깨치면 좋겠다는 욕심에 글자에 주목하면서 읽기보다는 그림책을 아이와 함께 나눌 이야깃거리로 생각하는 편이 좋습니다.

아이와 함께 그림책을 보는 일은 새로운 세계로의 초대이자 새로운 체험으로의 안내입니다. 책 밖으로 나온 뒤 현실 세계의 새로운 국면을 마주하도록 아이의생각의 틀을 넓혀 주는 일이기도 하지요. 책에 대한 흥미와 관심을 불러일으킬 뿐만 아니라 대상이나 상황에 대한 감식안을 키워 준다는 점에서 함께 읽기는 두 마리의 토끼를 잡을 수 있는 방법입니다.

그림책을 읽어 주고자 할 때에는 꼭 아이 중심으로 판단해야 합니다. 글자 지도나 교훈보다 지금 아이가 그림책으로 하고 싶은 일이 무엇인지 파악해야 합니다. 어떤 아이들은 엄마나 아빠한테 그림책을 읽어 달라고 하고, 본인은 장난감을 가지고 놀거나 딴짓하기도 합니다. 이렇게 들을 준비가 되어 있지 않아 보이더라도, 아이가 원한다면 읽어 주어야 합니다. 분명 읽어 달라고 한 이유가 있을 테니까요.

그림책과 함께 떠나는 상상 여행

저는 아이들이 잠들기 전에 그림책을 항상 읽어 주었습니다. 보통 3~5권 정도를 읽어 주었는데, 아들과 딸의 성격이나 성향이 달라서 책을 고르기도 쉽지 않았습니다. 그래서 책은 항상 홀수로 선택했습니다. 딸이 읽고 싶은 책 1권, 아들이 읽고 싶은 책 1권, 제가 읽어 주고 싶은 책 1권으로 선택했지요. 아들은 누나가 선택한 책을 읽어 주면 시시하다고 듣지 않기도 하고, 딸은 남동생이 항상 치고 박고 싸우는 책만 골라 온다며 골을 내기도 했습니다.

많은 아이들은 자신이 재미있다고 생각하는 책을 반복적으로 읽어 달라고 하지요. 우리 집 아이들도 좋아하는 책을 여러 번 읽어 달라고 했습니다. 아들아이는 자신이 좋아하는 장면을 읽을 때마다 읽기를 멈추어 달라고 하고는 침대 위에서 장난감 칼을 들고 소리 치며 상상의 결투를 벌였습니다. 이때 아들은 괴물과 싸우는 왕자가 되기도 하고, 왕자가 탄 말이 되기도 하고, 왕자의 칼을 맞은 괴물이 되기도 했습니다.

장난감을 들고 딴짓하고 있어서, 읽어 주는 이야기를 듣고 있지 않나 보다 할 때도 있었지만, 대화해 보면 대부분 장난감을 만지면서도 이야기를 듣고 있었습니다. 아이들은 이야기를 들으면서 장난감으로 상상의 나래를 펼치지요. 존 버닝햄 John M. Burningham 의 유명한 그림책 《셜리야, 물가에 가지 마!》(비룡소, 2003)에서도 셜리의 일상은 부모님과 달리 즐거운 상상의 세계이지요. 아이들이 넘나드는 상상의 세계는 현실에 존재하는 하나의 평행세계와 같습니다. 매일같이 허구의 거장들을 만날 수 있다니 상상만 해도 신기하고 놀라운 일이 아닌가요?

책 읽기는 교육이 아니라 재미있는 놀이

그림책 읽어 주기는 동화 구연과 다릅니다. 일방적으로 등장인물의 목소리를 흉내 내거나 바람 소리, 물 흐르는 소리, 자동차 경적 소리를 기막히게 내는 것보다 내용을 이해하고 그림책이 보여주고자 하는 최선의 분위기를 찾아 재현하기가 중요합니다. 어떤 사람들은 "여기 봐, 여기 좀 봐" 하면서 본인이 좋아하는 부분을 아이에게 보라고 강요하거나, "그러니까 나쁜 말은 하면 안 되겠지?"라면서 가르치기에 공을 들이기도 합니다. 그러면 아이들은 금세 지겨워하는데 말입니다. 이야기는 재미있는 놀이여야 합니다.

백희나 작가의 그림책 《달 샤베트》(책읽는곰, 2014)를 읽어 준다고 가정해 봅시다. 무더운 한여름이 배경인 이야기의 중반에는 에어컨과 선풍기, 냉장고 등의 사용량 폭주로 정전되는 장면이 나옵니다. 이때 그림책에 적힌 글은 다음과 같습니다.

앗! 온 세상이 깜깜해졌습니다. 전기를 너무 많이 써서 정전이 된 것입니다. 모두모두 밖으로 나왔습니다. 너무너무 어두워서 잘 걸을 수도 없었습니다.

글만 읽으면 어떤 불행한 사건의 서막으로 보이기도 합니다. 그림과 함께 보면, 등장인물들이 심각하게 불안해하는 것이 아니라 반장 할머니 집에서 흘러나오는 밝은 빛에 이끌리듯 움직이고 있음을 볼 수 있는데 말입니다. 이 부분을 읽으면서 많은 어른이 이런 말을 덧붙입니다.

"이렇게 깜깜해지지 않으려면, 전기를 아껴 써야겠지요."
"전기가 나갔어. 정말 큰일 났다."

그야말로 군말입니다. 이야기 전개에 방해만 되는 말이지요. 《달 샤베트》에서의 정전(停電) 사건은 재난이라기보다 아주아주 더운 여름날 생길 수 있는 풍경입니다. 아파트가 정전되었지만, 신기한 달 샤베트를 먹은 주민들은 선풍기와 에어컨을 끄고 창문까지 열어 둔 채 시원하고 달콤한 꿈을 꾸며 잠들었으니까요.
아무 말도 덧붙이지 않고 천천히 글을 읽어 준다면 아이는 자연스럽게 그림에 주목할 것입니다. 아이와 꼭 이야기를 나누고 싶다면 아이에게 생각을 물어보세요. 아이가 정전이라는 말을 모를 것 같다면 이런 질문이 좋겠지요.

"정전되면 이렇게 깜깜해지나 봐. 정전이 무슨 뜻인 것 같아?"

아이가 제대로 이해했는지 궁금하다면 넌지시 내용을 파악하는 질문을 던져도 좋습니다.

"사람들이 왜 걸을 수가 없었어?"

이렇게요. 아니면 이런 식으로 느낌을 물어볼 수도 있습니다.

"깜깜한 곳에서 걸으면 느낌이 어떨까?"

어떤 질문이든 아이에 중심을 둔 질문이라면 괜찮습니다.

문자습득 전 책 읽기는 부모가 아이에게 직접 읽어 주면서 이야기 나누는 것이 가장 일반적입니다. 아이의 지적 성장과 발달에 가장 도움을 주지요. 아이와 함께 그림책으로 교감하는 일은 어떤 대상이나 상황에 대한 감식안을 키워 줄 수 있는 좋은 기회입니다.

좋은 기회를 아깝게 날리지 말고, 꼭 살려 주세요. 그림책 함께 읽기는 타인의 생각을 받아들이는 데만 익숙한 아이가 아니라 스스로 생각할 줄 아는 아이로 키워 줄 테니까요. 아이와 눈높이를 맞춘다면 생각보다 어려운 일은 아닐 것입니다.

집중력

    책은 유아용일수록 종이가 두껍고 모서리도 둥글둥글합니다. 한참 소근육 발달이 진행 중인 유아들이 페이지를 쉽게 넘기도록 배려해 나온 것입니다. 책을 읽어 줄 때, 아이가 직접 책장을 넘기도록 부탁해 봐도 좋습니다. 두꺼운 종이에서 점점 얇은 종이로 넘어가면서 손가락의 소근육을 발달시킬 수 있으니까요.

    만약 아이가 내용을 궁금해 하지 않으면서도 혼자 오래도록 책을 보고 있다면 다른 측면에서 자세히 관찰할 필요가 있습니다. 특히 손으로 책장 넘기기에 몰입하거나 책갈피에 입을 대거나, 종이를 찢는 등의 행동을 보인다면 얇은 종이를 통해 감각을 추구하는 현상일 수도 있습니다. 심한 경우에는 자폐 스펙트럼까지 의심해 볼 수 있으니 주의해서 관찰해 주세요.

책 속에서 흥미를
끄는 어휘 뽑기

엘윈 화이트 *Elwyn B. White* 가 쓴 세계적인 아동문학 고전 동화 《샬롯의 거미줄(Charlotte's Web)》에는 글을 읽고 쓸 줄 아는 거미 '샬롯'이 등장합니다. 샬롯은 돼지 월버를 구하기 위해 '대단한 돼지'라는 거미줄 글씨를 새기지요. 크리스마스 만찬을 위한 고깃감이 될지도 모르는 돼지 월버를 구하기 위해 샬롯은 글쓰기를 선택했습니다. 샬롯이 선택한 글귀가 흥미를 끕니다.

'돼지를 구해 주세요!'
'불쌍한 돼지를 살려 주세요!'

샬롯은 이처럼 윌버의 바람을 그대로 드러내지 않았습니다. 대신 '대단한 돼지'라는 간단하고 명료하지만 다양한 의미를 품고 있는 은유적인 말을 썼습니다. 샬롯이 쓴 어휘는 대단히 문학적입니다.

'대단한 돼지'처럼 확장하는 어휘

'대단한'과 '돼지'는 일상대화에서 흔히 들을 수 있는 '기층언어'입니다. 기층언어는 말을 배우기 시작하는 아이들의 언어이자 일상대화에서 흔히 쓰이는 어휘를 가리킵니다. 흔하게 쓰이는 단어는 보통 의미의 스펙트럼이 넓고 풍부하지요.

아동문학은 운문이든 산문이든 간에 기층언어를 주로 사용합니다. 다양한 사람에게 사용되면서 끊임없이 의미를 보태거나 옮겨 가는 기층언어처럼 아동문학도 단순한 겉모습 아래 다양한 속뜻을 담고 독자에게 다가가니까요. 삶과 죽음의 아슬아슬한 갈림길에서 샬롯의 한마디가 윌버의 목숨을 구한 것처럼 말입니다. 이렇게 단순함 속에서 퍼져 나가는 깊이와 품격이 바로 문학이 주는 힘입니다.

문식성 교육학자인 마가릿 맥퀀*Margaret G. McKeown*과 이사벨 벡*Isabel L. Beck*은 어휘력이 현저하게 낮은 아이들은 책 읽기에 쉽게 몰입하지 못하고, 글을 읽으면서 동시에 이해하는 능력도 부족하다고 말합니다. 이들은 저학년 학생들이 짧은 글을 읽고 내용을 이해하는 과정을 지속적으로 관찰한 다음 아래와 같은 결론을 얻었습니다.

첫째, 어휘력이 낮은 학생들은 정보책보다는 이야기 책을 읽어줄 때 적극적인 반응이 일어난다. 둘째, 글의 내용보다는 자신의 경험에 기대어 글을 이해한다. 셋째, 글자보다는 그림 위주로 내용을 이해하는 편이다.

이들은 나이가 어린아이나 어휘력이 낮은 아이들에게는 그림책 읽어 주기 방법이 조금 달라야 한다고 말합니다. 그림을 보여 주기 전에 글만 읽어 주는 과정이 먼저 필요하다는 것이지요.

단계별로 질문하고 상상하며 책 읽기

초등학교 저학년을 위한 책에는 대부분 그림이 그려져 있습니다. 동화책 같은 이야기책은 물론 다양한 과학, 사회 정보가 담긴 정보 그림책에서도 그림은 중요한 역할을 합니다. 문자 읽기를 즐기지 않는 아이들은 그림에 눈길을 빼앗길 가능성이 높지요. 이에 맥퀸과 벡이 제시한 그림책 읽어 주기의 순서는 다음과 같습니다.

〈그림책 읽어 주기의 순서〉

| 아이에게 그림책 읽어 주기 | → | 아이와 책의 내용 확인하기 | → | 책의 그림 보여 주기 | → | 아이와 생각, 느낌 나누기 | → | 새롭게 알게 된 어휘나 주제와 관한 어휘 이야기하기 |

먼저 아이에게 그림책을 읽어 줍니다. 그림을 보여 주지 않고 읽어 주어야 하니, 아이를 바라보고 읽어 주면 좋겠지요. 처음부터 끝까지 읽어 주고 나서, 이야기에 나온 내용에 관해 질문을 해 봅니다. 이때는 단순한 확인 질문 정도가 좋겠습니다.

"누가 누가 나왔지?"
"주인공에게 어떤 일이 생겼지?"
"주인공이 어디로 갔지?"

이런 식으로 아이가 기억할 수 있는 수준의 쉬운 질문부터 던집니다. 이렇게 처음에는 글만 읽으면서 상호작용한 뒤 아이에게 그림을 보여 줍니다. 이때는 그림책을 처음부터 찬찬히 함께 보면서 읽어 줍니다. 그러면 아이는 자연스럽게 자신이 상상한 장면과 그림책의 장면을 비교해 나가면서 생각이나 느낌을 풍부하게 표현할 것입니다.

새로운 어휘로 새로운 생각 자극하기

그림책을 읽어 주면서 어휘력도 향상시키려면, 한 가지 더 추가해야 합니다. 바로 새롭게 알게 된 어휘에 관해 이야기해 보거나 주제와 관련된 어휘 위주로 그림책을 읽어 보도록 안내하는 것입니다. 아이에게 낯선 어휘가 나왔다면 그 뜻과 활용법에 대해 이야기해 봅시다. 혹은 주제와 관련된 어휘를 제시하고 이야기 나눌 수도 있지요. 현덕의 《뽐내는 걸음으로》(소년한길, 2004)를 살펴 그림책 읽는 과정을 구체적으로 다시 살펴볼까요?

《뽐내는 걸음으로》는 말맛이 느껴지는 간결한 문장을 사용합니다. 그래서 읽어 주기 편하지요. 내용은 어린아이들이 어떤 물건을 얻었을 때 느낄 수 있을 만한, 뽐내고 싶은 마음을 잘 나타내고 있습니다.

먼저 그림을 보여 주지 않고 그림책을 읽어 줍니다. 그다음 아이에게 몇 가지 내용을 확인하는 질문을 던져 봅니다.

"이야기에 누가 나왔지?"
"노마는 어떤 것만 빼고 다 좋아한다고 했는데, 그게 뭐지?"

이렇게 단순 확인 질문 또는 "예" 또는 "아니오"로 답할 수 있게 질문합니다. 이어서 그림을 보여 주면서 다시 한번 읽어 줍니다.

이때 아이가 궁금해하는 부분을 먼저 보여 주어도 상관없습니다. 그다음으로는 아이가 관심 보이는 부분을 중심으로 충분히 이야기를 나눕니다. 마지막으로 그림책에서 깊이 생각해 보고 싶은 어휘를 아이에게 넌지시 제시합니다. 《뽐내는 걸음으로》는 아주 단순하지만, 등장인물의 심리를 잘 표현했습니다. 그러니 '뿌듯하다, 자랑하다, 만족하다' 등의 정서어휘를 다루기 좋지요.

아이와 함께 이야기를 나눌 어휘를 읽어 주면서 즉흥적으로 선택할 수도 있지만, 미리 책을 읽고 고민하면 더 좋습니다. 시간이 허락한다면요.

"노마는 자기 구슬을 자랑하고 싶은 것 같아. 우리 딸은 자랑하고 싶은 게 있을까?"

"노마는 물건을 사지도 않았는데 벌써 너스레를 떨면서 걸어가고 있어. 노마의 마음은 어떨까?"

"엄마는 우리 아들이 몸에 좋은 음식을 골고루 먹을 때 정말 마음이 뿌듯해. 우리 아들은 언제 마음이 뿌듯할까?"

"기봉이가 싫다고 한 이유는 무엇일까? 기봉이는 불만이 있는 것 같아. 무엇이 불만일까?"

이렇게 질문하면서 함께 이야기해 보고 싶은 어휘를 제시하는

것입니다. 이런 질문을 받으면 아이는 이야기 내용과 자기 경험을
적절히 섞어서 답할 것입니다.

직접적으로 어려운 어휘를 드러내는 작품보다는 글 전체의 내용
이나 주제를 파악하면서 새로운 어휘를 접할 수 있는 그림책이 질
적 어휘력을 확산시키는 데 훨씬 도움이 될 수 있습니다.

어휘력 더하기+
책 읽는 시간

그림책 읽어 주기는 익숙해질 때까지 연습이 필요합니다. 미리 읽어 줄 책을 골라서 어떤 어휘로 이야기 나눌지 생각해 볼 시간도 필요하지요.

많은 부모가 책을 읽어 줄 때 아이에게 이렇게 말합니다.

"읽고 싶은 책 가지고 와 봐!"

아이에게 선택권을 주면 아이가 책 읽기의 주도권을 갖는다는 점에서 훌륭한 방법이지만, 때로는 엄마가 먼저 제안할 수도 있어야 합니다.

"엄마도 ○○이랑 이 책 읽어 보고 싶어."

이것은 읽기 싫은 책을 아이에게 억지로 읽히려는 강요가 아니라, 아이가 좋아하리라 예상되는 책을 함께 읽자는 제안입니다. 엄마가 아이와 함께 책 읽기를 즐긴다는 인상도 줄 수도 있습니다.

가르치려는 입장에서 그림책을 읽어 주는 부모들에게 책 읽기 시간은 자녀를 위해 참아야 하는 일상 속 고행일 수 있습니다. 아이가 겨우 한글만 깨우쳤는데, 이제 책 읽어 주기에서 해방되었다고 좋아하는 부모도 많습니다. 함께 책 읽는 시간은 아이와 교감하는 소중한 순간이며, 아이가 충분히 자랄 때까지는 지속되어야 하는 소통의 고리라는 사실을 외면하지 마세요.

IQ와 상관없는
하브루타 어휘 습득법

유대인들은 전 세계적으로 뛰어난 민족으로 유명합니다. 노벨상
수상자의 대다수가 유대인이고, 세계 경제에 영향을 미칠 만큼 커
다란 재력을 지닌 사람 중에도 유대인이 많습니다. 그런데 이런 유
대인보다 한민족의 지능이 더 뛰어나다는 사실을 알고 계시나요?

2002년에 영국의 얼스터 대학교 리차드 린*Richard Lynn* 교수와 핀란
드 탐페르 대학교 타투 반하넨*Tatu Vanhanen* 교수가 공동 저술한 연구보
고서 〈IQ와 국가의 부〉에 의하면, 이스라엘에 사는 유대인의 평균
지능은 94입니다. 조사 대상 전체 국가 185개국 중 43번째에 해당
합니다. 반면 한국인의 평균 지능은 106입니다. 조사 대상 국가 중

홍콩에 이어 2위입니다.

이 연구 결과가 놀라웠던 이유는 한국인의 지능이 높다는 사실이 아니라, 유대인들의 평균 지능이 예상 밖으로 평범하다는 사실이었습니다. 이에 더욱더 유대인들의 고유한 학습법인 '하부르타'(chavruta)에 관심이 생겼습니다.

'하브루타'는 2명이 짝을 이루어 질문, 대화, 토론하면서 진리를 찾는 교육방법입니다. 하브루타의 어원은 친구나 동료를 뜻하는 '하베르'(châbêr)에서 왔는데, '하베르'에는 '신세'나 '은혜'라는 뜻이 있습니다. 가족과 같은 친구는 서로 신세를 주고받는 관계이지요. 서로 질문하며 창의적인 생각을 일깨워주므로 은혜로운 관계가 아닐 수 없습니다.

하브루타는 어떻게 할까?

하브루타는 주로 짝과 함께 둘이 공부하지만, 상황에 따라 여러 명이 할 때도 있습니다. 그러나 최대 4명을 넘지 않습니다. 유대인들은 나이, 성별과 관계없이 누구와도 짝이 되어 하브루타를 한다고 합니다. 부모와 자녀가 이야기 나누고, 친구끼리 이야기하고, 동료와도 대화하는 것입니다.

이야기를 진지하게 주고받으면 질문과 대답이 되고, 거기서 더 전문화되면 토의가 되고, 더욱 깊어지고 전문화되면 토론이 됩니다. 유대인들에게 하브루타는 모든 교육의 시작이자 마무리인 셈입니다.

하브루타의 미덕은 부모의 양육 태도나 관점에 있습니다. 유대인 부모는 배 속에 있을 때부터 자녀와 대화합니다. 부모는 누구보다 가장 좋은 아이의 친구이자 교사이지요. 책을 펼치고 공부하는 부모의 모습을 본다면 아이 또한 학교나 학원에만 의존해 공부하지는 않을 것입니다. 부모가 아이에게 좋은 질문을 해야겠다는 마음으로 항상 고민한다면, 아이 역시 좋은 질문을 떠올릴 테지요. 이렇게 자라난 아이들은 열린 마음으로 경청하고, 아이디어를 나누려는 태도를 지니게 될 테고요.

하부르타 교육의 핵심은 옆 친구와 짝을 지어 같은 주제로 대화하고 토론하고 논쟁함으로써 서로 생각을 나누고 설득하는 학습에 있습니다. 가장 단순한 이론조차도 대화로 이해시키기 위해, 이해하기 위해 노력하기 때문에 설득하는 과정과 더불어 생각하고 비판하는 사고까지 견지하게 됩니다. 이런 교육법은 생각을 구체화시키는 데서 한발 더 나아가 아이의 머릿속에 이미지화시켜 이해를 돕기 때문에 주입식 교육보다 효율적이라고 할 수 있습니다.

경청의 자세를 배우는 하브루타

전통적인 하브루타의 순서는 다음과 같습니다. 편의상 짝을 A와 B로 지칭하겠습니다.

순서	활동 방법
1	A가 본문 전체를 소리 내 읽는다.
2	잠시 중단했다가 심호흡을 한다. 아직 대답하거나 토론하지 않는다.
3	B가 첫 번째 문장을 읽는다. (또는 본문에서 첫 번째 하이라이트가 된 단어까지 읽는다.)
4	A는 B가 읽은 첫 번째 문장에 대해 언급한다. (인물, 행위, 언어에서 떠오른 생각이나 감정을 말한다.)
5	B는 A가 주시하고 있는 것을 비판이 섞이지 않은, 단순히 정확하게 바라보려는 의도로 다시 한번 문장을 살펴본다.
6	짝과 함께 서로의 반응과 생각을 나눈다. 궁금한 점이 없을 때까지 대화를 계속 이어간다.
7	읽는 순서를 바꾸고 차례로 반응한다.

하브루타의 방법은 단순합니다. 한 사람이 본문 전체를 소리 내 읽고 나서, 서로 문장을 한 줄씩 읽으며 그에 대해 생각을 나누면 됩니다. 자연스럽게 깊이 있는 독서를 할 수 있지요.

저는 위의 활동 방법 중 특히 '5번'이 중요하다고 생각합니다. 상대방의 반응을 '비판이 섞이지 않은, 단순히 정확하게 바라보려는 의도'로 문장을 다시 한번 살펴보는 것입니다. 상대방의 말에 즉각적으로 반응하지 않고 그 반응이 어디에서 왔는지 근거가 되는 문장을 다시 한번 읽어 보는 것, 그야말로 경청의 기본을 익히는 것이지요.

사실 하브루타는 독해 전략으로 널리 알려진 '사고 구술'(think aloud)의 방법을 활용하고 있습니다. 사고 구술이란 글을 읽으면서 머릿속에 어떤 생각이나 아이디어, 혹은 궁금한 점이 떠오를 때, 간단하게 메모 또는 녹음하는 것을 말합니다.

요즘 많이 방송되는 노래 경연 프로그램을 보면 가수들이 노래 부를 때 평가자들의 표정이나 몸짓 등을 보여 주고는 합니다. 때로는 평가자들의 생각을 자막으로 보여 주기도 하고요. 이렇게 보여지는 평가자들의 생각이 바로 사고 구술이라고 할 수 있습니다.

아이를 생각하게 만드는 하브루타

사고 구술은 연구 참여자들의 인터뷰 기법으로 고안되었다가 독해 전략으로까지 확대된 교육방법의 하나입니다. 사고 구술로 글을 읽을 때는 읽는 과정에서 메모하는데, 하브루타로도 글을 한 문장씩 이어서 읽으면서 반응을 나눕니다. 그렇다면 한 문장으로는 얼마나 많은 생각을 길어 올릴 수 있을까요?

다음에 탈무드 문장이 있습니다. 이 문장을 읽고 초등학생들은 얼마나 많은 질문을 만들어 낼 수 있을까요?

옛날에는 가난뱅이였던 벼락부자가 있었다.

다음은 6학년 학생들이 만들어 낸 질문입니다. 하나의 문장에서 얼마나 다양한 질문이 만들어지는지 경이로운 따름입니다.

의미를 묻는 질문
- '옛날에는'은 무슨 뜻인가요? 그리고 왜 '옛날에'로 하지 않고 '옛날에는'으로 표현했나요?
- '옛날'은 무슨 뜻인가요?
- 벼락부자의 '벼락'은 무슨 뜻인가요?
- '벼락부자'는 어떤 뜻인가요?
- 가난뱅이는 무슨 뜻인가요?

문장의 표현에 대해 묻는 질문
- 왜 가난한 사람이라고 하지 않고 '가난뱅이'라고 표현했나요?
- 왜 그냥 부자가 아니고 벼락부자라고 표현했나요?

느낌에 대한 질문
- 가난뱅이라면 어떤 느낌이 드나요?
- 이 문장 전체를 읽고 어떤 느낌이 드나요?
- 가난뱅이였던 사람이 갑자기 벼락부자가 되었다면 어떤 느낌일까요?
- 당신이 평소에 가난하다고 생각하던 사람이 갑자기 벼락부자가 되었다는 소식을 들으면 어떤 느낌일까요?

문장으로 유추할 수 있는 질문

- 벼락부자는 어떤 방법으로 될 수 있나요?
- 갑자기 부자가 되면 어떤 문제가 생길까요?
- 가난뱅이는 어떻게 생계를 유지하나요?
- 가난뱅이가 벼락부자가 되면 가장 어색한 것은 뭘까요?
- 가난뱅이가 벼락부자의 생활과 사고방식에 빨리 적응하기 위해서는 어떻게 해야 할까요?

비교 질문

- 가난뱅이였다가 벼락부자가 되면 가장 좋은 점과 힘든 점을 무엇일까요?
- 가난뱅이와 부자의 생활은 어떻게 다를까요?

상대방에게 의견을 묻는 질문

- 당신은 평소에 부자에 대해 어떻게 생각하나요?
- 당신이 지금 벼락부자가 된다면 무슨 일을 제일 먼저 하고 싶은가요?
- 당신은 벼락부자인 친구에게 어떤 조언을 해 주고 싶나요?
- 노력으로 얻지 않은 재물에 대한 당신의 생각은 어떤가요?
- 갑작스럽고 지나친 부의 획득으로 발생하는 문제를 해결하기 위해서는 어떻게 해야 할까요?
- 갑자기 벼락부자가 되었다가 나중에 타락하거나 재산을 탕진하는 경우도 많던데 그런 것을 경계 삼아 가난뱅이가 가장 조심해야 할 것은 무엇일까요?

삶에 적용할 수 있는 질문

- 당신이 현재 가진 재물은 정당한 노력으로 얻었나요?
- 벼락부자가 되는 방법 중에 행운에 의하지 않고 불의하게 얻은 재물이 있을까요?
- 불의하게 얻은 재물로 부자가 되었다면 그 재물에 대한 당신의 생각은 어떠한가요?
- 당신은 어떻게 부자가 되고 싶나요?
- 당신이 생각하는 가난과 부자에 대해 이야기해 보세요.
- 빈부와 행복과의 관계에 대해 자신의 생각을 말해 보세요.

한 문장으로 이렇게 다양한 질문을 떠올릴 수 있다니, 아이들의 상상력과 창의력은 어른들의 생각보다 무궁무진합니다. 그래서 유대인들의 교육방법인 하브루타를 두고 지혜를 가르치는 교육이라고 말하는지도 모르겠습니다. 단순 암기가 아니라 이처럼 대화와 사유로 얻은 지식은 학생들이 바로 자신의 삶에 적용할 수 있는 살아 있는 교육방법이니까요.

초등학교에서 학부모 상담을 해 보면, 자녀에 대해서 잘 모르겠다고 말하는 사람이 많습니다. 이런 사람들은 담임 선생님이 아이의 개성이나 자질을 발견해 주기를 애타게 바랍니다. 행여나 교사가 아이에 대해서 잘 모르면 금세 서운해하기도 하지요. 반면 아이에 대해서 많은 것을 파악하고 있는 학부모도 있습니다. 이런 사람들은 아이들과 대화를 자주 한다는 공통점이 있습니다. 보통 이런 집안의 자녀들은 자기 의견을 자연스럽게 제안하는 데 스스럼이 없지요.

아이와 함께 책을 읽을 때 하브루타를 활용한다면, 무엇보다 아이에 대해 많은 정보를 알 것입니다. 요즘 아이의 관심사는 무엇인지, 좋아하는 것과 싫어하는 것, 기대하는 것과 염려하는 것은 무엇인지 여러 이야기를 나눠 보세요.

하브루타

하브루타로 책 읽기를 하면, 1권을 읽는데 상대적으로 오랜 시간이 걸립니다. 많은 부모가 잠들기 전 침대 머리맡에서 이야기를 나누는데, 부모들의 입장에서는 아무리 짧은 그림책이라도 아이와 이야기를 나누다 보면 금세 시간이 흘러 잠잘 시간을 훌쩍 넘어 버리지요. 그러다 보니 종종 책을 끝까지 읽지 못하고 마무리할 때도 있습니다. 아이에게 이렇게 읽다 보면 언제 책을 많이 읽히나 싶어 걱정하는 부모들도 생깁니다.

매일매일 다른 책을 읽어도 좋지만 아이들에게는 책 1권을 긴 호흡으로 읽는 경험도 중요합니다. 읽은 데까지 책갈피로 표시하고 시간이 날 때마다 다시 꺼내 보는 성인들의 독서 행위를 아이들도 경험해 보게끔 해 주세요. 오래 읽다 보면 책의 소재나 화제에 대해 아이들도 시간을 갖고 두루두루 생각해 볼 기회를 가질 수 있으니까요.

4장

엄마 아빠에게
어휘력을 여는
열쇠가 있다

우리 집의
언어문화는?

어느 집에나 조상 대대로 내려오는 식문화가 있습니다. 종갓집
이 아니더라도 각자의 집마다 즐겨 먹는 양념, 국, 반찬, 음료가 있
지요.

조선시대의 뼈대 깊은 선비 집안에서는 고춧가루도 넣지 않은
음식을 즐겨 먹었다고 합니다. 맑은 정신과 청렴함을 식생활에서
도 지키려고 말입니다. 서양의 명문가에도 가문을 대표하는 음식
이나 양념이 있다고 하지요.

언어문화도 식문화와 마찬가지입니다. 집안마다 독특한 언어문
화가 존재합니다.

가족문식성이란?

터전의 자연환경이나 부모의 생업에 따라 아이들이 보고 듣고 배우는 말은 크게 달라집니다. 섬 아이는 다양한 생선의 이름에 익숙하고, 쉽게 구분할 수 있을 것입니다. 반면, 농촌 아이에게는 살아 있는 생선을 접하는 일 자체가 쉽지 않은 경험입니다. 가끔 밥상에 올라오는 고등어 정도는 알아볼 수도 있겠지만, 다른 생선의 이름을 알거나 구분하기란 쉽지 않습니다. 대신 계절마다 어떤 곡식과 작물을 심어야 하며, 풍작을 위해 어떤 도구가 필요한지는 잘 알고 있겠지요.

가정은 아이들이 처음 언어를 배우는 시공간입니다. 어떤 가정에서 태어나, 어린 시절을 어떻게 보냈느냐에 따라 말버릇은 물론 사용어휘의 종류도 매우 확연히 달라집니다. 아이들은 주로 어른들의 목소리와 말투를 흉내 내니까요. 이렇게 학령기 전 아이들이 습득하는 언어능력을 '가족문식성'(family literacy)이라고 표현합니다.

아이를 지도해야 하는 선생님의 입장에서 학생 개개인의 가족문식성은 교수학습의 방향을 결정하는 중요한 바로미터가 됩니다. 학교 교실에는 다양한 수준의 아이가 모이기 때문입니다. 언어 환경이 풍요로운 가정에서 자라 어휘력과 표현력, 의사소통력이 우수한 아이들도 있지만, 그렇지 않은 아이들도 있으니까요. 사용 가능한 어휘가 매우 적고, 의사소통 자체가 익숙하지 않아 힘들어하는 아이들도 있고요.

다양한 수준의 아이들과 수업해야 하기에 교사들은 학습 내용을 수준별로 분절해서 적용합니다. 수준 높은 학생은 높은 대로, 닛은 학생은 낮은 대로 배려하며 수업합니다. 이러한 수업 상황을 이해하면, 아이의 문식성 수준에 따라 학교 교육의 성격도 달라진다는 사실을 알 수 있습니다.

다양하게 변하는 가족의 언어문화

최근에는 가족문식성의 특성이 달라지고 있습니다. 크게 두 가지 이유가 있을 듯합니다.

먼저, 매체 환경의 변화입니다. 요즘 아이들은 텔레비전이나 라디오처럼 '일방향 매체'가 아닌 인터넷 환경이라는 '쌍방향 매체'를 주로 접합니다. 아주 어린 나이부터 스크린 화면에 익숙해질 뿐더러 스마트폰을 본능적으로 다룹니다. 바쁜 일상에 심신이 지친 부모들도 대화보다는 질 좋은 앱이나 영상으로 아이들과의 소통을 대체하려고 시도합니다. 연일 쏟아지는 인공지능 또는 스마트기기 광고들은 부모들의 그런 마음을 노린 듯 하나같이 아이들에게 유익한 무엇인가 제공한다고 자신합니다. 그래서일까요? 요즘 아이들은 잘나가는 유튜버들과 비슷하게 말하기도 합니다.

그다음으로는 부모가 의도적으로 아이의 언어 환경을 구성하는 경우입니다. 자녀교육에 관심이 많거나 철학이 확고한 부모들에게서 주로 많이 나타나는 모습입니다.

세계적으로 유명한 천재 남매 쇼 야노와 사유리 야노의 어머니 진경혜 씨는 아이들이 어릴 때부터 독서를 장려했습니다. 생후 6개월 즈음부터 책을 읽어 줬는데, 그러자 만 2세 무렵부터 자연스럽게 글을 읽기 시작했답니다. 여기서 중요한 점은 부모가 아이에게 책을 '읽어 줬다'라는 점입니다. 진경혜 씨는 무엇이든 아이들과 '함께'할 필요가 있다고 말합니다.

이런 분위기 덕에 야노 가족에게는 도서관이 집 같은 느낌이었다고 합니다. 아이들에게 내리는 가장 큰 체벌이 하루 동안 책을 읽지 못하게 막는 일이었다고 하니, 이 집안의 문식성은 부모의 후천적인 노력으로 이루어졌다고 할 수 있습니다.[13]

지금 아이와 함께 있다면, 아이가 하는 말을 가만히 들어 보세요. 아이가 사용하는 단어와 말투를 살펴보세요. 책이나 스마트폰을 보고 있다면, 무엇을 읽거나 듣고 있는지 눈여겨보세요. 아이의 '가족문식성'이 어느 수준인지, 그 빛깔은 어떤지 금세 이해할 수 있을 것입니다.

가족회의

    자녀의 말하기 능력을 키워 주고 싶다면 웅변학원보다 가족회의를 추천합니다. 우리 가족은 크리스마스마다 가족회의를 합니다. 아이들이 어릴 때는 맛있는 음식을 먹고 난 뒤 간단한 선물을 주었지요. 아이들이 잠자는 틈을 타 현관문 앞에 선물을 가져다 놓는 것이 부부의 일이었습니다. 두 녀석 모두 산타 할아버지가 언제 오는지 기다리겠다면서 잠들지 않으려고 해서, 애써 재우느라 곤욕을 치렀지요. 가족 모두 미국에 가야 한다고 말했을 때, 초등학교에도 입학하기 전이던 우리 아이들의 가장 큰 걱정은 산타 할아버지였습니다. 산타 할아버지가 우리가 미국에 가면 못 찾지 않느냐며 크리스마스에는 꼭 서울에 있어야 한다고 했지요.

    우리 가족의 가족회의는 산타 할아버지의 정체가 부모님이었다는 사실을 알고 난 다음부터 시작되었습니다. 주제는 특별하지 않습니다. 각자 올 한 해 가장 기억에 남는 일을 말하고, 가족에게 고마운 일 한 가지, 서운한 일 한 가지, 바라는 것 한 가지를 말합니다. 그러면 다들 올 한 해를 어떻게 지냈는지와 함께 서로의 마음도 알게 됩니다. 처음에는 서로 상처 주지 않으려고 서운한 일은 조심조심 말하곤 했지만, 우리 가족은 결과보다 마음가짐과 의도를 믿어 준다는 신뢰가 쌓이자 표현이 다분히 직설적으로 바뀌었습니다. 그렇지만 아무도 화내지는 않습니다. 우리 집 가족회의의 대원칙은 "아무리 서운한 말을 해도 화내지 않는다"니까요. 말하지 않고 지내며 오해하기보다는 오히려 마음을 터놓고 이야기를 나누면 더욱 가치 있는 일이라는 사실을 체감한 덕분입니다.

가족회의가 몇 차례 연중행사로 반복된 다음, 아이들은 가족회의 할 일이 생겼다고 말하기 시작했습니다. 친구와의 문제, 학교에서의 문제, 학업의 문제 등등이 안건이었습니다. 될 수 있으면 그날 저녁 바로, 다 같이 모여 가족회의를 했습니다. 회의를 소집한 사람의 고민을 충분히 들어 주고, 가족들이 궁금한 것을 물어보고 나면 저절로 문제의 원인과 해결 방법이 정리될 때가 많았습니다.

이후 두 아이 모두 대학교 입시 면접을 준비할 때, 가족회의 경험이 많이 도움이 되었다고 합니다. 대입 면접은 주로 제시문을 읽고 찬반 의견을 묻는데, 따로 정답이 있지는 않습니다. 찬성할 때든 반대할 때든 근거만 명확하게 제시하면 됩니다. 찬성과 반대의 측면을 모두 말하고 제3의 대안을 제시한다면 더 높은 점수를 받을 수도 있겠지요. 대학수학능력이란 학과에서 다루는 문제 상황을 얼마나 이해할 수 있는지 파악하고, 다양한 측면에서 대안을 제안할 수 있는 역량을 잠재력으로 생각하니까요.

지금도 우리 집에서는 가족회의가 자주 열립니다. 성인으로 자라난 아이들이 사사로운 일로 회의하자고 하지는 않지만, "가족회의 할 일이 생겼어"라는 말은 문제가 생겼으니 도움이 필요하다는 신호로 해석되기 때문입니다.

아이의 감수성은
정서어휘로 자란다

유학파 공학박사로도 유명한 가수 루시드 폴이 옮긴 《마음도 번역이 되나요》(시공사, 2016)이라는 영국 그림책이 있습니다. 〈타임즈〉에서 선정한 베스트셀러이기도 한 이 책에서는 세상에 하나뿐인 특별한 낱말을 소개합니다. 이 책에는 신기한 낱말들이 등장합니다. 예를 들어 '티암'(tiám)이라는 페르시아어는 '사랑에 빠지는 순간의 반짝이는 눈빛', '익트수아르포그'(iktsuarpok)라는 이누이트어는 '누군가 올 것 같아 괜히 문밖을 서성이는'이라는 뜻입니다. '코모레비'라는 일본어는 '나뭇잎 사이로 스며내리는 햇살'이라는 뜻이지요. 현재 후속작인 《마음도 번역이 되나요 : 두 번째》(시공사, 2017)

도 출판되었는데, 두 번째 책은 색다른 관용 표현을 담고 있습니다. 다른 나라 말로 번역 불가능한 특별한 낱말들을 보면 그 언어를 사용하는 사람들의 마음이나 문화를 엿볼 수 있습니다.

마음을 표현하는 정서어휘란?

《마음도 번역이 되나요》에는 다른 언어로 번역될 수 없는 한국어도 소개됩니다. 무엇일까요? 개인적으로 저는 '정'(情)이라는 낱말이 가장 먼저 떠올랐습니다. 학문적으로 심오하게 따지고 들지 않아도, 한국 사람들이 정 많은 민족이라는 점은 어제오늘 이야기가 아니니까요. 모르는 사람이라도 어려운 일을 당하면 선뜻 도움 주려고 하고, 노력 끝에 성공한 사람을 응원하고 존경하며, 좋은 일은 함께 나누려고 하는 넉넉한 마음이 바로 정이라고 생각했기 때문입니다. 그런데 가만 생각해 보니 정은 한자어더군요. 작가의 언어적인 감수성이라면 순우리말을 찾았을 것이라 예상하고, 궁금한 마음으로 책을 열었습니다.

영국인 저자 엘라 샌더스*Ella F. Sanders*의 귀에 들린 신기한 한국어는 바로 '눈치'였습니다. 설명은 이렇습니다.

눈치 : 눈에 띄지 않게 다른 이의 기분을 잘 알아채는 미묘한 기술.

눈치의 뜻을 긍정적으로 설명한 작가에게 고마우면서도, 한국어의 특별한 단어로 전 세계인들이 '눈치'를 떠올리겠구나 싶어 한편으로는 서운하기도 했습니다. 더 예쁜 말도 많은데 말이지요. '눈치'는 '눈치가 없다', '눈치를 길러라', '눈치채다', '눈치껏', '눈치놀음하다', '눈칫밥' 등 부정적인 상황과 더 많이 어울리는 낱말이기 때문입니다. 직접적인 표현을 꺼리는 한국 문화가 반영된, 영국인 작가에게는 특별하게 여겨지는 낱말일 수 있었겠다고 생각하니 이해가 되긴 했습니다. 제 주변에도 아주 친하지 않고서는 자신의 생각이나 느낌을 편하게 말하는 사람이 드문 일이니까요.

사람의 마음을 표현하기란 쉽지 않습니다. 마음은 겉으로 보이지도 않고, 확실하게 감각할 수도 없으니까요. 인간이 품는 마음을 흔히 희로애락애오욕(喜怒哀樂愛惡欲)이라고 합니다. 쉽게 말하면 기쁨, 분노, 슬픔, 즐거움, 사랑, 증오, 욕심이겠지요. 기쁨이나 분노, 즐거움이나 사랑 등은 무 자르듯이 딱 잘라 말하기 어렵습니다. 그래서 이런 미묘한 상태를 표현할 어휘가 필요합니다.

희로애락애오욕처럼 인간의 감정이나 느낌을 표현하는 이 같은 어휘들은 감정단어 혹은 정서어휘(emotion vocabulary)로 분류됩니다. 정서어휘는 크게 유쾌/불쾌의 정서로 나뉘지만, 대표적인 정서와 해당되는 낱말을 제시하면 다음과 같습니다.

정서	표현 어휘
기쁨, 즐거움	행복하다, 자유롭다, 마음이 벅차다, 흐뭇하다, 산뜻하다, 상쾌하다, 안심되 다, 날아갈 것 같다, 가슴이 뭉클하다, 짜릿하다, 설레다……
슬픔, 안타까움	우울하다, 처량하다, 울고 싶다, 답답하다, 가슴이 저리다, 절망스럽다, 상처 받았다, 공허하다, 헛헛하다, 속상하다, 외롭다……
화, 미움	불쾌하다, 신경질이 나다, 속이 부글부글하다, 배반당한 것 같다, 억울하다, 불만이다, 골치가 아프다, 지겹다, 섭섭하다, 짜증나다, 분하다, 가소롭다, 부담스럽다, 한심하다……
감사, 정	사랑스럽다, 인정받은 느낌이다, 매력을 느끼다, 따뜻하다, 동질감을 느끼 다, 공감하다, 포근하다, 평온하다, 복받치다……
당황, 놀라움	놀랍다, 당황하다, 길을 잃은 것 같다, 흥분되다, 소스라치다, 몸서리쳐지다, 두근두근하다, 덫에 걸린 것 같다, 긴장되다, 화끈거리다, 쥐구멍을 찾고 싶 다, 어이없다, 멋쩍다, 쑥스럽다……
불안, 무서움	공포를 느끼다, 불안하다, 위축되다, 초조하다, 간이 콩알만 해지다, 위협을 느끼다, 소름이 끼치다, 몸이 떨리다, 벼랑 끝에 서 있는 것 같다……
의아스러움, 걱정	의심스럽다, 불확실하다, 아득하다, 막막하다, 미칠 지경이다, 혼란스럽다, 절망적이다, 후회가 되다, 낯설다, 걱정되다, 속이 시커멓다……

위 표를 한번 훑어보면, 정서를 표현하는 어휘가 꽤 다양하다는
것을 알 수 있습니다. 인간의 마음 상태를 직접적으로 표현하는 낱
말을 정서어휘로 본다면, 300여 개 정도라고 합니다.

정서는 빗대어 표현되는 경우도 많습니다. 예를 들어 '흐뭇하
다', '막막하다', '아득하다', '어이없다', '짜릿하다' 등은 마음의 특별
한 상황을 표현합니다. 반면 '두근두근하다', '몸이 떨리다' 등은 마
음이 어떤 물건같이 흔들리는 모습에 빗댄 표현입니다. 또한 '간이
콩알만 해지다', '속이 시커멓다', '쥐구멍을 찾고 싶다' 등은 마음을

다른 물건이나, 모양, 색깔에 빗대었지요. 이런 표현으로 마음이 구체적으로 어떤지 상상하게 만드는 것입니다.

집에서만 들을 수 있는 아이의 내밀한 말

마음을 표현하거나, 다른 사람의 특성을 언급하거나, 누구의 마음 상태를 진단하는 표현은 내밀한 관계에 있는 사람들 사이에서 주로 사용됩니다. 공식적인 자리보다는 가족들이나 친구 사이에서 마음을 열고 감정을 있는 그대로 표현할 기회가 많지요. 사실 기분 좋은 일이든 실망스러운 일이든 가장 먼저 이야기하고 싶은 사람은 가족입니다. 가족 사이에는 크고 작은 부딪침이 연속되다 보니 마음을 솔직하게 표현할 일도 화해할 일도 많이 벌어집니다. 가족의 신뢰감은 그러면서 깊어지지요.

정서심리학에 따르면 정서도 지력과 마찬가지로 어릴 때부터 발달합니다. 어린아이가 울면 엄마는 '왜 우는지' 물어봅니다. 그러면 아이는 대부분 이유를 설명하지 못합니다. "슬퍼서 울어요"처럼 대답하기도 하지만, 엄마는 아이가 울게 된 정확한 원인을 알지 못하지요. 울지 않으려면 엄마가 무엇을 해야 하는지에 대한 질문이나 울지 말라는 명령을 "왜 우냐"는 말로 대체하기도 합니다. 허용적인 부모님과 많이 대화한 아이일수록 이런 상황에서 자신의 감정이나 느낌을 섬세한 언어로 표현합니다.

정서어휘는 다양하게 구분될 수 있습니다. 사용하는 상황에 따라서 자기 자신의 주관적인 느낌이나 감정을 표현하는 어휘, 다른 사람의 마음을 표현하는 어휘, 마지막으로 심리적 상태를 진단하는 진단어휘로 나눕니다. 앞의 표에 제시된 어휘들이 감정을 표현하지요. 다른 사람의 마음을 표현하는 어휘에는 '소심한, 호전적인' 등이 속합니다. '의존성, 반사회성' 등은 진단어휘입니다.

그렇다면 어떻게 정서어휘들을 발달시킬 수 있을까요? 정서어휘를 제일 효율적으로 발달시킬 수 있는 공간은 가정입니다. 학교에서도 다양한 활동과 친한 친구끼리의 상호작용이 이루어지겠지만, 정서어휘를 발달시키려면 학교 입학 전부터 부모님이 아이와 함께 허심탄회하게 대화해야 합니다.

정서를 인지하고 반응하며 포용하는 능력은 후천적이므로 자녀에게 감정을 표현할 기회를 충분히 주어야 합니다. 기분 좋은 일, 고마운 일, 감동받은 일에 진심을 담아 알맞게 표현할 수 있도록 유도해야 합니다. 화낼 때도 자녀가 마음을 해소할 수 있게끔, 말하도록 해 주어야 합니다. 화를 잘 참는다고 칭찬하면 나중에 아이가 정서 불감증을 일으킬 위험까지 있습니다.

정서어휘와 함께 자라는 감정의 성장

학령기에 막 접어든 아이들은 아직 정서 인지 능력이 충분히 발달하지 못했습니다. 기쁨, 슬픔, 화, 두려움 같은 기본적인 정서밖에 이해하지 못합니다. 질투, 자만, 호기심 같은 미묘하고 복합적인 정서들은 다양한 경험이 뒷받침되어야 발달합니다. 이들 복합 정서에는 기본적인 정서가 혼합되어 있지요. 예를 들어, 기쁨과 수용이 혼합되면 사랑이라는 감정이 발생하고, 혐오와 노여움이 섞이면 증오나 적대감처럼 복잡한 감정을 느낄 수 있습니다. 따라서 부모님과 함께 다양한 이야기를 나누면서 자기는 물론 타인의 정서를 인식하고, 정서를 조절하는 능력을 함양해 주어야 합니다.

아이와 시시콜콜한 일상 이야기를 나눠 보세요. 유치원에서 있었던 일이나 친구와 나눈 이야기, 함께한 놀이 등을 물어보면 좋겠지요. 엄마나 아빠가 직장에서 일어난 기분 좋은 일이나 마음 상하는 일을 아이에게 털어놓는 것도 좋습니다. 그래야 아이가 엄마 아빠를 비롯한 타인의 마음을 쉽게 읽을 수 있을 테니까요.

다른 사람의 상황이나 마음 상태를 진단하는, 정서어휘를 발달시키는 좋은 방법은 함께 그림책을 읽으며 대화해 보는 것입니다. 앤서니 브라운^{Anthony A. Browne}의 《기분을 말해 봐!》(웅진주니어, 2011)에는 기분을 표현하는 다양한 문장이 등장합니다. '하늘을 걷는 것처럼 자신만만하다가', '머리끝까지 화가 날 때도 있고', '슬플 때도 있지만', '혼날까 봐 걱정이 될 때도 있어' 등의 표현이 고릴라의 표정과 함께 나타나 있습니다.

각각의 표현은 책의 한 면을 모두 차지하고 있는데, 배경이나 작게 그려진 소품들을 자세히 살펴보면 어떤 상황에서 그러한 기분을 느끼는지 유추할 수 있습니다. 이와 유사한 책을 읽으면서 다양한 정서어휘들을 사용해 보세요.

"고릴라는 성격이 느긋한 것 같다."
"마음이 넓은 것 같다."
"좁은 것 같다."
"고릴라는 마음의 문을 닫은 것 같다."
"고릴라의 마음이 참 따뜻한 것 같다."

이렇게 문장을 말해 보는 것입니다. 실제 주변 사람을 대상으로 성격 품평회를 하면 바람직하지 않은 뒷담화처럼 여겨질 수 있지만, 그림책은 아이가 여러 감정을 느낄 수 있는 안전한 시공간이니 안심하고 시도해 보세요.

정서어휘

학교교육은 줄기차게 아이의 미래를 준비합니다. 그렇다면 가정은 무엇을 해야 할까요?

가정도 학교와 함께 미래로 향하면, 아이는 숨 쉴 공간이 없습니다. 가정은 쉼의 공간이어야 하며, 정서적으로도 휴식처가 되어야 합니다. 그러기 위해서는 부모님과 아이의 교감이 무척이나 중요합니다. 아이와 다양하게 교감한다면 정서어휘는 저절로 풍부해질 것입니다.

요즘은 학원이라는 사교육 공간이 아이들의 삶에 깊숙이 들어와 있습니다. 그래서인지 아이들이 엄마, 아빠가 아니라 학원 선생님과 주로 교감하는 듯합니다. 학원 선생님에게는 본인의 기분도 말하고, 친구 문제도 털어 놓고, 사춘기 첫사랑의 설렘도 공유하는 것 같습니다. 왜일까요? 엄마 아빠가 무엇인가 끊임없이 가르치려 드는 교사 같은 존재가 된 것은 아닐까요? 그래서 아이들이 정서적 돌파구로 학원 선생님을 찾는 것은 아닐까요?

정서는 워낙에 미묘하고 변화무쌍해서 우리에게 계속 눈치가 필요할지도 모르겠습니다. 때로는 직접적인 위로보다 상대방의 눈치를 보고 그냥 어깨를 짚거나, 손을 잡아 주는 편이 더 큰 위로가 될 때가 있습니다. 그렇지만 다양한 정서어휘를 표현할 수 있는 아이의 마음결이 곱다는 사실에는 의심할 바가 없습니다. 혹시라도 지금 아이와 교감의 줄이 끊어져 있다면, 오늘 밤 아이와 일상을 나누어 보면 어떨까요?

어휘력 좋은 아이는
유머 있는 부모로부터

아인슈타인이 학교 공부에서 두각을 나타내지 못했다는 사실은 많이 알려진 사실이지만, 어떻게 수학과 물리에 관심을 가지게 되었는지는 알려진 바가 적습니다. 아이슈타인은 말더듬인데다 질문하기 좋아하는 성격 때문에 선생님의 미움을 사 학교를 그만둘 수밖에 없었습니다. 아이슈타인에게는 무조건 공식을 외워야 하는 학교 공부 자체가 맞지 않았지요. 그렇기 때문에 학교에서 체계적으로 배울 기회를 갖지 못했습니다.

그런 아인슈타인에게 수학의 흥미를 불어 넣어 준 사람은 바로 삼촌이었습니다. 아인슈타인의 삼촌인 야콥은 조카의 뛰어난 두

뇌를 알아보고, 아인슈타인의 지적 호기심을 긍정적으로 받아들여 주었을 뿐만 아니라 호기심까지 키워 줬습니다. 야콥 삼촌의 설명은 좀 남달랐습니다. 예를 들면, 수학 공식에서 자주 등장하는 'χ'를 사냥감이라고 생각하고, 사냥감을 잡으려면 어떻게 해야 하는지 고민시킨 것입니다. 야콥 삼촌은 어린 아인슈타인에게 수학 문제가 숨어 있는 'χ'를 찾는 숨바꼭질이나 사냥놀이라고 상상하게 만들어 준 은인인 셈입니다.

공부를 놀이처럼, 놀이를 공부처럼

공부를 놀이처럼, 놀이를 공부처럼 하려면 어떻게 해야 할까요? 아이가 배움에서 즐거움을 찾도록 도와주는 장치가 바로 유머입니다. 유머 감각은 심각한 일도 도발적으로 상상하게 해 주고, 부정적인 상황에서 재미있는 부분을 찾아 웃어 넘기는 여유도 선물해 줍니다. 겉보기에는 전혀 관계 없는 것을 연결하고 결합하면서 감정을 긍정적으로 만들어 주지요.

유머 감각은 어떤 일이든 즐겁게 만드는 원동력입니다. 이에 배움의 과정에서도 유머 감각은 필수입니다. 유머 감각은 특히 어휘력이 폭발적으로 늘어나는 어린 시절부터 키워 주어야 합니다. 다행스럽게도 어린아이들은 대부분 말놀이와 수수께끼 같은 언어유

희를 즐깁니다. 다른 사람을 크게 웃게 만드는 일도, 자신을 깔깔 웃게 만드는 일도 좋아하지요. 많은 어른들이 재미없는 이유는 커나가면서 유머 감각이 둔해지는 탓입니다.

우리 사회는 예로부터 말수가 적고 얌전한 아이들을 '어른스럽다', '의젓하다', '점잖다'고 칭찬하는 문화가 있습니다. '점잖다'라는 말의 어원은 '젊지+ 않다'에 있습니다. 실제보다 나이 들어 보이는 것이 미덕이었던 셈입니다. 반면 요즘은 말해야 할 때 시원스럽고 재미있게 말하는 아이들에게 여러 사람 앞에서도 긴장하지 않고 의젓하다며 많이들 칭찬합니다. 재미있는 사례나 문구로 상대를 웃게 만든다면 아이가 가진 여유로움에 또 한번 어른스럽다고 이야기할 것입니다. 시대가 변하며 칭찬받는 아이의 모습도 달라졌습니다.

그렇다면 유머 감각을 어떻게 키워 줄 수 있을까요? 부모가 함께 웃어야 합니다. 미소부터 박장대소까지, 신나고 즐겁게 웃는 상황이 자주 펼쳐져야 합니다. 아이에게 마음껏 웃고, 웃길 기회를 주어야 하지요. 어릴 때는 재미있는 행동이나 물건만으로도 함께 즐거운 시간을 보낼 수 있습니다. 한참 말을 배우는 아이들은 엄마가 목소리 톤만 올려도 웃습니다. 그러면 엄마도 함께 까르르 웃어 줍니다. 이렇게 서로 웃음을 주고받으면 교감할 수 있습니다.

유머 감각을 키우는 말놀이

말놀이도 유머 감각 키우기에 도움이 됩니다. 말놀이는 말소리나 말의 뜻을 가지고 노는 것입니다. 끝말잇기, 스무고개, 수수께끼, 꼬리따기, 이름 대기처럼 다양한 활동이 모두 말놀이지요. 아이가 상대방의 말에 귀 기울이고 자기가 알고 있는 낱말을 순발력 있게 떠올려야 하기에 어휘력 발달에도 크게 도움이 됩니다.

우리 가족은 장거리 여행 시 아이들과 함께 말놀이를 즐겼습니다. 아들딸 둘만이 아니라 엄마와 아빠가 짝을 지어서 팀으로 대결했습니다. 3살이나 많은 딸아이가 아들아이를 이기는 일은 식은 죽 먹기이니까요. 그래서 엄마나 아빠와 함께 단어를 떠올리고, 아이가 말하는 방식으로 이름 대기 놀이 또는 끝말잇기를 했습니다. 이때 엄마나 아빠가 진심으로 내기하고 과도하게 경쟁하면 재미로 시작한 말놀이가 진 편의 아이가 우는 것으로 마무리됩니다. 적당히 낱말 수를 조절하면서 아이가 게임을 즐길 수 있도록 수위를 조절해야 하지요.

시중에 나와 있는 수수께끼 카드나 책 활용도 좋습니다. 서점에 가 보면 아이들의 취향이나 연령에 맞는 수수께끼 카드나 책을 쉽게 찾을 수 있습니다. 특히 수수께끼 미니북 활용을 추천합니다. 수수께끼 미니북은 아이들의 손 크기에 맞게 손바닥 크기로 만들어져 있습니다. 책장이 도톰해서 아이가 넘기기도 편리하지요. 보통 수수께끼 문제가 있는 쪽, 그것을 넘기면 정답이 나옵니다. 아이들이 통문장 감각을 익히기 좋은 구조이지요. 나이 많은 언니나 오빠들이 동생들과 함께 놀아 주기에도 좋은 놀잇감입니다.

최근에는 아재 개그라는 말이 유행하기도 했습니다. 아재 개그는 중장년 남성들 사이에서 유행하는 썰렁한 개그인데, 다의어나 동음이의어를 활용한 재담(puuning)의 한 종류라고 할 수 있습니다.

"할아버지가 좋아하는 돈은?"
"할머니."
"동생이 형을 잘 따르는 걸 세 글자로 줄이면?"
"형광펜."
"우리나라까지 석유가 도착하는 데 소요되는 시간은?"
"오일."

이런 식입니다. 말소리나 문자를 맞추거나 음과 뜻을 포함시켜 새롭게 해석하는 것이지요. 참신하고 재미있는 내용도 많습니다만, 젊은 사람들에게는 분위기를 따라잡지 못한다며 홀대 받기도 하지요.

요즘은 유머 감각을 키우겠다며 유머를 따로 공부하는 사람들도 많습니다. 유머러스한 태도가 리더의 중요한 자질로 대두되기 때문이지요. 지도자는 혼자 일하지 않습니다. 다양한 사람의 의견을 청취하고 함께 과업을 실행해야 합니다. 따라서 사람들에게 과업을 지시하고, 잘 달성되도록 끊임없이 자극해야 합니다. 이때 지도자의 말투가 항상 강압적인 명령투라면, 아랫사람과 원활히 소통하기 어려울 것입니다.

일치와 불일치, 웃음이 유발되는 순간

철학자 아르투어 쇼펜하우어 *Arthur Schopenhauer* 는 인간이 어떤 대상에 관해 머릿속에 가지고 있는 '추상적인 인식'과 실제로 보거나 경험해서 알게 되는 '직관적인 인식'을 구분했습니다. 그는 이 두 가지 인식이 모순되는 순간에 웃음이 유발된다고 했습니다. 불일치를 경험하는 순간 웃음이 터져 나온다는 것입니다.

웃음은 인간의 특유한 속성이며 어떤 대상을 고정된 의미로 받아들이기보다는 모순적 속성을 드러내는 힘이 있습니다. 아이가 장난스러운 태도가 유머러스한 태도로 옮겨 갈 수 있도록 도와주어야 합니다. 아이들이 마음껏 상상하고 창의력을 발휘할 수 있도록 충분히 함께 웃어 주어야 합니다. 사람들은 유머 감각이 뛰어난 사람에게 끌리기 마련이니까요.

아인슈타인의 상징처럼 여겨지는 사진이 있습니다. 72세 생일 축하 파티에 지친 저녁, 아인슈타인은 카메라를 향해 웃어 달라는 기자의 주문에 눈을 동그랗게 뜨고 혀를 내밉니다. 노벨 물리학상 수상자이자 세계적인 석학의 모습이라고 하기에 너무나 익살스럽습니다. 훗날 그는 이렇게 말했습니다.

"이 포즈는 나라는 사람을 잘 나타내 준다. 나는 항상 권위를 받아들이기가 힘들었다. 여기서, 틀림없이 좀 더 근엄한 포즈를 기다렸을 기자를 향해 혀를 내민 것은 고정관념 받아들이기를 거부한다는 것, 역할에 맞는 자아 이미지 내어놓기를 거부한다는 것을 의미한다."

항상 새로움을 추구하던 아인슈타인은 분명 유머 감각이 뛰어난 사람이었습니다.

유머

　아이들과 함께할 수 있는 놀이는 무궁무진합니다. 어릴 적 좋아하던 놀이를 아이들과 해 보는 것도 즐거운 일이지요. 집 안도 좋고, 밖도 좋습니다. 집 근처의 놀이터도 좋고요. 그렇지만 어른들이 좋아하는 놀이를 아이들이 좋아하지 않을 수도 있고, 그 반대일 수도 있습니다. 이렇게 간극이 크다면 억지로 재미없는 놀이를 하기보다는 다른 즐길 거리를 찾아보는 편이 낫겠지요.

　가족이 함께 즐겨 보는 프로그램을 만드는 것도 추천합니다. 온 가족이 함께 애청하면서 웃을 수 있는 TV 프로그램을 찾아보는 것입니다. 오래전 우리 가족은 다 같이 〈개그콘서트〉라는 프로그램을 즐겨 보았습니다. 개그맨들의 기발한 아이디어가 돋보이거나 예상을 빗나가게 하는 스토리가 숨어 있는 코너, 말놀이나 말장난을 하면서 일어나는 에피소드들 덕에 자연스럽게 아이들과 나눌 수 있는 이야깃거리가 생겼습니다. 요즘에도 재미있으면서 가치 있는 예능 프로그램이 많습니다. 적당한 프로그램을 하나 정해 함께 시청하면서 즐기는 시간을 갖는다면, 자녀들과 교감의 기회를 가질 수 있을 것입니다.

질문을 끊임없이
해야 하는 진짜 이유

SNS에 올라오는 문장들을 잘 읽어 보면, 그야말로 시적인 표현을 자주 접합니다. 제한된 글자 수 안에 짧게 쓰는 문장은 시와 닮아 있으니까요. 짧은 문장은 영상이나 사진과도 잘 어울립니다.

학교에서도 시적인 표현을 배웁니다. 시나 동화에서 비유적 표현이나 감각적 표현을 찾아보기도 하고, 스스로 만들어 보기도 합니다. 일기 쓸 때 창의적으로 날씨를 표현해 보라고 제안하기도 하지요. '맑음, 흐림, 비, 눈'이 아니라 '햇님이 방긋방긋 웃은 날', '비도깨비가 나타난 날', '하늘이 우울한 날' 등 날씨에 대한 자신의 느낌을 표현하도록 합니다.

무한한 허용 속에서 자라는 창의성

가정에서는 어떻게 창의적인 어휘력을 기를 수 있을까요? 제일 먼저 마음 놓고 표현할 수 있는 분위기를 열어 주는 것이 필요합니다. 창의적으로 표현하기를 즐기는 아이로 성장할 수 있도록 격려해 주어야 합니다. 다양한 질문을 던지는 하브루타도 좋은 방법입니다만, 질문의 대상이 책 내용만이 아니라 실제 만나는 대상이나 공간이라면 좋겠습니다. 새로운 것과 마주치면 창의적인 아이디어가 떠오르면서 아이가 자신의 감각을 확장시킬 수 있을 테니까요.

많은 부모가 아이와 함께 의미 있는 장소를 찾거나 여행합니다. 박물관이나 과학관, 전시관 같은 곳은 철 따라 행사를 달리하니 아이와 함께 방문하기 참 좋은 곳입니다. 연극이나 뮤지컬을 보거나 색다른 공연도 도움이 됩니다. 역사적인 유적을 찾거나 자연경관이 뛰어난 곳을 여행할 수도 있지요.

여기서 하나 주의할 점이 있습니다. 대부분의 부모가 방문지와 언제 갈지 결정하는 데만 집중하는데, 가장 중요한 것은 아이가 새로운 대상과 만났을 때 어떻게 시간을 보내도록 도와줄지입니다.

너무나 유명하고 훌륭한 장소이기 때문에 그곳에 가기만 하면 아이가 저절로 산지식을 얻으리라는 생각은 위험합니다. 이는 좋은 중·고등학교에 보내놓기만 하면 아이가 저절로 공부를 잘하리라 생각하는 경향과도 상통합니다.

아이에게 생각을 전환하는 질문하기

아이들과 함께 새로운 곳에 가 보면 여행을 준비한 엄마 아빠의 노력이 무색할 때가 많습니다. 아는 부부는 아이들이 초등학교에 다닐 때 해외여행을 시켜 주어야겠다고 생각했습니다. 해외여행은 국내여행과 달리 아이들의 방학과 부모의 휴가 기간을 맞추어야 하므로, 일정 잡기가 여간 까다롭습니다. 경비도 만만치 않으니 씀씀이도 관리해야 하구요. 그래도 지인 부부와 지인의 4학년, 6학년 아들딸은 미국 하와이 여행을 다녀왔습니다.

그렇지만 아이들이 여행에서 별로 행복해 하지 않았다고 합니다. 낯선 환경에서 가이드의 소개에 따라 이 지역, 저 지역을 옮겨 다니다 보니 한국에서만큼 마음 편히 놀지 못하더라는 것입니다. 부부를 더욱 실망시킨 것은 여행 후 할머니를 만났을 때 4학년 아들아이의 말이었습니다.

"하와이에서 뭐가 제일 좋았니?"

할머니의 물음에 아들은 이렇게 대답했다고 합니다.

"비행기에서 먹었던 햄버거요. 그게 제일 좋았어요."

부모는 너무나 허무해서 하와이에서 간 곳을 열거했지만, 아이는 그런 데도 갔었느냐는 반응을 보였답니다.

아이들은 새로운 사물이나 공간을 대하는 방식을 한참 배우는 중입니다. 아이들이 새로운 사물, 공간과 자기 자신을 연결하는 데는 시간이 걸리지요. 아이가 자기 자신과 공간을 연결하는 방식을 습득하려면 즉각적이고 반사적으로 그 공간을 판단하거나 평가하지 않고 관찰하도록 유도해야 합니다.

중요한 것은 아이와의 연결고리

새로운 곳에서 아이들은 가장 먼저 낯선 공간이 주는 두려움을 느낍니다. 익숙하지 않은 곳에 가면 아무리 부모와 함께 있더라도 아이는 움츠러들 수밖에 없습니다. 그러니 자신에게 익숙한 것으로 낯선 공간과 연결하려고 합니다. 인생에 한 번 만날까 말까 한 대단한 문화재 앞에서도 심드렁하고, 눈앞에 단풍 절경이 펼쳐져 있는 휴대폰 화면만 들여다보는 아이의 행동은 유난스러운 것이 아닙니다. 이런 반응을 보이는 아이에게는 연결고리를 만들어 주려고 노력해야 합니다.

"여기까지 와서 핸드폰이니?"

아이를 혼내지 말고, 이렇게 물어보면 어떨까요?

"여기 멋있는데, 사람들이 여기 얼마나 많이 와 봤을까? 친구들 중에 여기 와 본 애 있어?"
"여기는 다른 산하고는 다른 것 같아. 가을 풍경이 이렇게 멋있으면, 봄이나 겨울에는 어떨까? 휴대폰에서 찾아볼 수 있을까?"

이처럼 아이가 관심을 보이는 대상과 '지금-여기'를 연결해 줘야 합니다. 그러면 아이도 처음 접한 공간이나 사물을 관찰해 보려는 마음을 갖을 것입니다. 이런 연습이 계속되면 아이는 주의력 있게 공간을 지켜보고, 인상적인 부분을 찾아냅니다. 이러한 과정의 결과는 아이의 표현으로 나타납니다. 부모의 입장에서 번뜩이는 표현이 아니더라도, 아이의 입장에서는 새로운 것을 받아들인 솔직한 표현이므로, 그 자체로 창의적이지요.

시

최근 들어 서점가에서 시집이 강세를 보인다고도 합니다. 시를 창작하려 드는 젊은이도 많다고 하고요.

전 세계적으로 시집을 상업 출판하는 나라는 대한민국이 유일합니다. 다른 나라에서는 대부분 과거 유명 시인들의 고전 시를 지속적으로, 되풀이해서 읽는 데 만족합니다. 굳이 시집을 내려는 사람은 보통 자가 출판을 하지요.

외국인들에게 한국 출판사들은 현대 시인들의 시집을 지속적으로 출판하며, 시집이 베스트셀러가 되기도 한다고 말하면 정말 놀랍다는 반응을 보입니다. 시집 전문 서점이 있고, 편의점에서도 시집을 살 수 있다고 하면 믿지 못하겠다는 사람도 있었지요.

아이의 어휘력을 길러 주려면 부모가 책 읽는 모습을 보여 주는 것도 매우 중요한데, 시간도 없고 피곤해서 긴 글을 읽을 여력이 없다면, 혹시 시집을 읽어 보면 어떨까요?

5장

어휘력을
확장시키는
동시의 힘

60세 할머니와
9세 아이를 이어 주는 말

'동시'(童詩)는 말 그대로 어린이를 위한 시(詩)를 말합니다. 어린이의 마음을 리듬감 넘치는 말로 그린 그림이지요. 말로 보여 주는 영화이자 연극이기도 합니다. 아름다운 풍경을 마음속에 그려 주니까요. 동시는 아이의 상상력을 키우는 데 여러모로 도움을 주며 삶에 대한 성찰과 사랑의 능력도 자연스럽게 길러 주지요.

동시로 알아가는 어휘의 매력

의성어와 의태어가 가득한 동시는 아이들의 어휘력을 기를 수 있는 아주 훌륭한 소재입니다. 더불어 아이는 문학을 향한 즐거움까지 느낄 수 있지요.

동시에 쓰인 단어, 즉 '시어'는 우리말이 가진 매력을 충분히 발산합니다. 의태어와 의성어를 다양하게 반복하면서 이미지를 감각적으로 상상하게 만들지요.

둥둥 엄마 오리,

못물 위에 둥둥.

동동 아기 오리,

엄마 따라 동동.

풍덩 엄마 오리,

못물 속에 풍덩.

퐁당 아기 오리,

엄마 따라 퐁당.

- 권태응, 〈오리〉

〈오리〉라는 동시에서 '둥둥'과 '동동', '풍덩'과 '퐁당'은 오리가 물 위에 떠 있는 모습과 물로 뛰어들 때 나는 소리를 흉내 낸 의성어와 의태어입니다. '둥둥'은 엄마 오리가 떠 있는 모습을, '동동'은 아기 오리가 떠 있는 모습을 표현하지요. 더 크고 무거운 엄마 오리의 몸집이 주는 느낌을 '둥둥'이라는 시어로 표현하고, 가볍고 몸집이 작은 아기 오리가 떠 있는 모습은 '동동'으로 가볍게 표현합니다. 마치 앙증맞은 아기 오리를 바라보고 있는 듯 말입니다. '둥둥'과 '동동'이라는 시어의 대비로 엄마 오리와 아기 오리의 몸짓과 모양은 더욱 선명해집니다. '풍덩'과 '퐁당'이라는 의성어의 효과도 마찬가지입니다.

동시는 시어를 통해 '재미있는 말'이나 '반복되는 말', '소리, 낱말 등 규칙적 반복'을 경험할 수 있습니다. 동시에서 말의 재미를 느끼도록 하는 중요한 요소이지요.

동시 외에도 전래동요나 동요 등에서 노랫말과 우리말의 다양한 규칙을 활용하는 어휘로 시어의 재미뿐만 아니라 말의 묘미까지 깨우칠 수 있습니다. 많은 사람이 노래를 좋아하듯이 아이들도 대부분 동시를 좋아합니다.

저는 우리 아이들이 어릴 적에 동화책뿐만 아니라 동시집도 함께 읽어주려고 애썼습니다. 딸과 아들에게 모두 동시집을 읽어 주었는데, 반응이 남달랐던 아들아이의 이야기입니다. 아들아이가 반응하고 공감했던 동시 〈내 인생〉을 소개합니다.

원조 떡볶이집을 지나면서

침이 꿀꺽!

"떡볶이, 참 맛있겠다."

맛있는 빵집 앞을 지나면서

침이 꿀꺽!

"팥빵, 참 맛있겠다."

영주네 만두집 앞을 지나면서

침이 꿀꺽!

"통만두, 참 맛있겠다."

학원 갔다 돌아오는 늦은 저녁 길

침이나 꿀꺽꿀꺽,

이러다 내 인생

다 끝나겠다!

- 이상교, 〈내 인생〉

이 시를 아들에게 처음 읽어 줬을 때, 아들은 대뜸 이렇게 말했습니다.

"엄마, 이상교라는 애 어느 학원 다녀? 나도 한번 만나고 싶다!"

아들은 이상교 시인이 자기 또래 초등학생이라고 생각한 것입니다. 자기 마음과 정말 똑같다고 느꼈기 때문일 테지요. 그리고 이상교가 누군지 만나고 싶다고도 했습니다. 초등학교 아이들은 시적 화자와 시인을 잘 구분하지 못하니 그럴 만한 일이기도 했습니다. 아들아이에게 이상교 선생님은 60세가 넘은 할머니 시인이라고 말해 주었더니 너무나 놀라워하던 기억이 납니다.

내친김에 이상교 시인이 참여하는 어린이 독서 행사에 아들아이를 데리고 갔습니다. 이상교 시인의 유쾌한 재담을 들으며 깔깔 웃고, 시인과 악수하며 행복해하던 아들의 표정을 아직도 잊을 수가 없습니다. 그 후 이상교 선생님은 아들이 가장 좋아하는 시인이 되었습니다.

단어를 읽는 수준 그 너머

2015년 이후 초등학교 국어 시간에 진행되는 문학교육의 목표는 다음 표와 같습니다. 최근 새로운 교육과정을 준비하고 있지만, 핵심적인 교육 내용은 대동소이할 것 같습니다.

<국어과 교육과정의 문학교육 목표>

학년	2015년 개정
1-2	(1) 느낌과 분위기를 살려 그림책, 시나 노래, 짧은 이야기를 들려주거나 듣는다. (2) 인물의 모습, 행동, 마음을 상상하며 그림책, 시나 노래 이야기를 감상한다. (3) 여러 가지 말놀이를 통해 말의 재미를 느낀다. (4) 자신의 생각이나 겪은 일을 시나 노래, 이야기 등으로 표현한다. (5) 시나 노래, 이야기에 흥미를 가진다.
3-4	(1) 시각이나 청각 등 감각적 표현에 주목하며 작품을 감상한다. (2) 인물, 사건, 배경에 주목하며 작품을 이해한다. (3) 이야기의 흐름을 파악하여 이어질 내용을 상상하고 표현한다. (4) 작품을 듣거나 읽거나 보고 떠오른 느낌과 생각을 다양하게 표현한다. (5) 재미나 감동을 느끼며 작품을 즐겨 감상하는 태도를 지닌다.
5-6	(1) 문학은 가치 있는 내용을 언어로 표현하여 아름다움을 느끼게 하는 활동임을 이해하고 문학 활동을 한다. (2) 작품 속 세계와 현실 세계를 비교하며 작품을 감상한다. (3) 비유적 표현의 특성과 효과를 살려 생각과 느낌을 다양하게 표현한다. (4) 일상생활의 경험을 이야기나 극의 형식으로 표현한다. (5) 작품에 대한 이해와 감상을 바탕으로 하여 다른 사람과 적극적으로 소통한다. (6) 작품에서 얻은 깨달음을 바탕으로 하여 바람직한 삶의 가치를 내면화하는 태도를 지닌다.

초등학교 저학년에게 동시 교육을 할 때는 가장 먼저 '시의 즐거움'을 경험하게 만들어야 합니다. 아이들이 의성어, 의태어나 음운의 규칙적 반복에 의한 시적 즐거움을 느끼도록 해야 하지요. 시를 즐겨 암송하게 만들고, 말의 재미와 함께 작품 속 인물, 마음, 행동 등을 상상하는 재미도 느끼도록 해야 합니다.

초등학교 중학년은 저학년에서 시의 즐거움을 충분히 경험하고 이해했음을 전제로 합니다. 특히 아이가 자신의 언어로 시에서 느낀 문학적 감동을 표현할 것을 강조합니다. 저학년과 달리 시의 기본적인 구성 요소를 이해했다고 전제하지만, 여전히 학습자의 감동을 소중히 생각합니다. 그것을 다양하게 표현하는 데 주안점을 두지요.

초등학교 고학년은 저학년, 중학년에 비해 감동의 근거를 명확히 하는 데에 초점을 맞춥니다. 자유롭게 감동을 표현하던 것에서 한발 나아가 감동의 근거를 작품 속에서 찾아 명확히 한다는 점에서 감동을 객관화하는 방향이지요. 작품을 좋아하는 이유, 작품 속 인물의 생각과 독자 자신의 생각 비교, 작품의 표현 기교에 대한 이해 등에서 작품 속 세계와 독자의 삶을 병치시키며 교육 내용을 구성합니다.

동시 읽기는 단순히 단어를 정확하게 읽는 활동을 초월합니다. 일상어를 그대로 읽는 것이 아니라, 다시 읽어 내어 새로운 차원의 의미와 이미지를 구성하는 능력을 길러 주지요. 일상어와 똑같은 언어더라도 그것이 시어라면 상투적 일상어로 받아들이지 말고 다양한 해석적 범주로 재해석해야 합니다.

동시의 심상적 요소에도 주목할 필요가 있습니다. 심상적 요소는 상상력을 바탕으로 한 감각적 표현에 의해 만들어지는데, 이미지라고도 부릅니다. 동시를 읽으면 마음속으로 파노라마 같은 영상을 떠올릴 수도 있고 그러한 영상을 포함한 다양한 오감의 감각적 체험도 할 수 있습니다. 동시는 시각뿐만 아니라 청각이나 미각, 촉각, 공감각 등의 다양한 감각적 체험을 가능하게 만드니까요.

동시 읽기

아이가 동시를 읽을 때는 소리와 리듬의 재미를 느끼며 동시를 읽을 수 있도록 지도하세요. 손가락으로 한 글자마다 한 번씩 두드리며 읊으면서 읽게 하면 시의 운율을 더 잘 느낄 수 있습니다. 동시가 말로 그려 놓은 그림이라는 점을 일러 주고, 머릿속으로 그림을 그려 나가며 읽도록 하는 것도 좋습니다.

읽으며 떠오르는 장면을 그림으로 그리거나, 친구나 가족과 함께 흥미로운 시어를 찾아서 읽어 보면 재미가 배가될 수 있습니다. 이 세상을 새롭게 바라보는 신선한 시각을 시어로 배울 수 있지요.

동시에는 우리가 쉽게 생각하지 못하는 사물과 세계가 표현되어 있습니다. 그렇기에 아이가 세상을 더욱더 새롭고 생생하게 느낄 수 있게 만들어 줍니다. 이해하지 못하더라도, 아이가 동시에 등장한 새로운 단어를 충분히 느낄 수 있는 시간을 꼭 주세요. 동시를 읽으면서 아이에게 어떤 마음이 드는지 물어보는 것도 좋습니다.

동시는 읽는 것에서 끝이 아닙니다. 시를 읽고 난 뒤 아이 마음에 어떤 변화가 있는지 살펴보며 읽어야 합니다. 시는 우리가 미처 못하던 생각을 단어에 담아 표현함으로써 읽는 사람에게 새로운 세계를 열어 주니까요. 시를 읽을 때 아이에게 그동안 경험한 일 가운데 어떤 일이 떠오르는지 살피고, 자기 마음을 잘 살펴보며 읽을 수 있도록 지도해 주세요.

동시는 세상을
다르게 보는 창이다

동시는 아이에게 '경험'과 '정서'를 길러 줄 수 있습니다. 시가 갖는 비유나 상징의 언어는 특수하니까요. 다의성을 지니기에 일상 언어가 담아낼 수 없는 언어의 의미를 담아낼 수 있지요. 그래서 시의 언어는 언어의 경험 속에서 의미가 생성됩니다.

시는 읽는 사람에게 자신의 언어와 생각의 틀에서 벗어난, 신선하고 새로운 눈으로 세계를 바라보게끔 합니다. 1편의 짤막한 동시도 아이들에게 세상을 다르게 보는 눈을 심어 줍니다.

예를 들어 볼까요?

길거리 양말에선

보푸라기가 피지

친구 보기 창피하다 했더니

할머니는 보푸라기를 꽃이라 생각하래

그때부터 내 발은 걸어 다니는 꽃밭이 되었어

보푸라기를 뜯어 후 불면

민들레 꽃씨가 되고

돌돌돌 손끝으로 비비면

이름 모를 씨앗이 되어 떨어졌어

떨어진 씨앗 속에선

엄마 얼굴이 떡잎처럼 피어나기도 했지

내 양말에선 눈 내리는 날도

꽃이 환하게 피고 졌어

발꿈치가 해지도록

- 김금래, 〈꽃피는 보푸라기〉

'보푸라기가 핀 낡은 양말을 신었다'와 '내 양말에 꽃송이들이 달려 있다'라는 전혀 다른 뜻이지요. 발끝에 꽃밭이 따라다닌다면, 그 발걸음은 얼마나 아름다울까요? 시 속 언어를 이해하고 즐길 줄 아는 아이는 어휘가 가진 깊은 차원을 경험할 수 있습니다.

무한한 상상력을 키우는 동시 속 언어

초등학교 현장에서 시 교육의 첫 번째 목표는 학습자의 상상력 길러 주기입니다. 시가 인간의 경험과 더불어 상상력에 관여하기 때문이지요. 시를 읽을 때는 눈에 보이지 않는 이미지를 상상해야 합니다. 이에 동시는 아이의 상상력을 자극하고 기르기에 가장 적합한 수단으로 손꼽히지요.

두 번째 목표는 언어 감수성 기르기입니다. 초등 저학년 아이는 우리말과 글의 학습 입문자지요. 이 시기에 습득한 언어감각은 한평생의 언어생활을 좌우하는 결정적 요인입니다. 언어 사용의 정수로 일컬어지는 시는 우리말을 가장 아름답고 정교하게 사용하는 모델이기도 합니다.

세 번째 목표는 초등학생들에게 그들의 삶을 이해하도록 하는 것입니다. 아이들이 일상생활에서 직접 경험하는 일은 한계가 있습니다. 시를 읽고 짓는 일은 아이들에게 세상을 새로운 눈으로 보고 느끼게 합니다. 그 안에서 자연스럽게 자신과 타인에 대해 성찰하게 되지요. 인간은 홀로 살아갈 수 없다는 것, 오래전에도 나와 같은 사람들이 살았고, 앞으로도 살아가리라는 것을 알아갑니다. 사람들이 살아가는 시공간의 모습을 조망할 수 있지요. 동시는 동화 같은 다른 문학작품과 마찬가지로 아이들이 삶을 총체적으로 체험하고 이해할 수 있도록 돕습니다.

'토끼풀'을 생각해 봅시다. 다양한 형태의 토끼풀은 풀의 일부로 개념화되지만, 실제로 이 세상의 모든 토끼풀은 어떤 것도 똑같지 않습니다. 이 점에서 토끼풀이라는 단어 속에는 사실 다양한 종류의 토끼풀이 가지는 독특한 면면이 녹아 들어갔다고 볼 수 있습니다. 매일 보는 하늘이 매번 다른 색깔과 모양이지만 그저 '하늘'이라고 표현하는 것처럼요.

시적 언어는 언어의 바로 이러한 한계를 극복하게 도와줍니다. 읽는 사람은 시어를 읽으면서 구체적 감각과 개인적인 체험의 이미지를 소환하며 읽을 수 있지요. 이를 위해 시어는 일반 언어와 달리 운율, 이미지, 상징, 알레고리, 반어, 역설 등 다양한 언어의 쓰임새를 보입니다. 그리하여 공감과 놀라움, 새로움과 낯설음을 유발하지요. 보는 이의 경험에 따라 다양한 의미와 감각을 지닐 수 있도록 다의성을 지닙니다.

다음은 최근 동시단에서 유행하고 있는 단시입니다. 일명 '손바닥 동시'라고도 하지요. 아이들 손바닥 너비만큼 짧은 길이로 쓰는 어린이용 동시라는 의미에서 유강희 시인이 손바닥 동시라고 이름 붙였다고 합니다. 다음 시를 읽어 보시고, 제목이 무엇일지 상상해 보세요.

단풍잎 한 마리

단풍잎 두 마리

어, 가을이 움직인다

제목이 바로 떠오르셨나요? 제목은 바로 〈금붕어〉입니다. 어항 속에서 얇고 부드러운 지느러미를 하늘거리며 움직이는 금붕어를 보고 시인은 '단풍잎'이라고도 하고 '가을'이라고도 합니다. 붉은 금붕어의 모양이나 색깔을 보고 단풍잎으로 표현한 창의적인 발상이 돋보입니다. 다른 시 하나 더 읽어 볼까요?

웅덩이가

날개를

편다

이 시의 제목은 무엇일까요? 웅덩이가 날개를 펴는 때는 언제인가요? 제목은 바로 〈차가 지나갔다〉입니다. 비오는 날 자동차길에는 자연스럽게 낮은 물웅덩이들이 생기지요. 차가 물웅덩이를 지나가는 찰나를 '웅덩이가 날개를 편다'고 표현하고 있습니다. 이렇게 동시에서는 우리가 흔히 지나칠 수 있는 모습을 아주 새로운 상상으로 표현한 내용이 많습니다.

시어는 사전적으로 정해진 의미에 의한 소통 도구가 아닙니다. 소통하는 사람의 삶과 경험으로 구성하는 의미에 충실합니다.

시는 독특하게도 누가 읽느냐에 따라서도 의미가 달라집니다. 읽는 이의 경험과 정서에 따라 다양한 의미로 변주되지요. 초등학교 시기 아이들에게 동시를 많이 접하도록 해야 하는 이유는 아이가 평소 사용하던 어휘에서 낯선 지점을 발견하도록 돕기 때문입니다. 이 과정에서 아이는 우리말에 대한 감각뿐만 아니라 풍부한 정서를 가꾸며 자랄 수 있습니다.

어휘력 더하기+
시집 읽기

동화나 소설 같은 서사문학은 처음부터 쭉 읽어 가면 됩니다. 이야기의 발단 부분을 읽었는데, 결말이 궁금하다면 결말부터 읽어도 상관이 없지요. 그러면 시집은 어떻게 읽어야 할까요?

시집도 동화나 소설처럼 앞부분부터 읽어나가도 됩니다. 하지만 대부분 시집에는 서로 다른 제목의 시가 적게는 50여 편, 많게는 200여 편까지 실려 있습니다. 동시집의 경우 책마다 차이는 있지만 50~100편 정도로 구성되지요. 시 한 편의 완결성을 지니는 글이므로 앞에서부터 읽든 뒤에서부터 읽든, 중간부터 읽든 상관이 없습니다. 그래도 아이와 함께 좀 더 재미있게 시집을 읽으시려면 다음과 같이 해 보세요.

먼저 표제작을 읽어 봅니다. 시집의 제목으로 활용된 작품을 표제작이라고 합니다. 시인들은 시집을 편집할 때 가장 심혈을 기울인 작품으로 표제작으로 삼는 경우가 많습니다. 제목이라면 시집 전체를 관통하는 주제 의식을 담고 있을 가능성도 큽니다. 그러니 시집을 읽을 때는 먼저 표제작을 꼼꼼하게 읽어 볼 필요가 있습니다. 시집 속 숨어 있는 표제작을 찾는 일도 시집을 읽는 재미지요.

표제작을 읽은 후에는 '시인의 말'을 읽습니다. 시집에는 항상 '시인의 말'이 등장합니다. 동시인들은 시집에 담긴 이야기를 친절하게 설명해 줍니다. 시인의 말에는 시집을 읽어나가면서 독자들이 생각해야 할 지점이나 시인이 시집을 엮으면서 가장 중점을 둔 지점을 제시합니다. 그것은 어떤 순간이 될 수도 있고 특정한 사물이 될 수도 있습니다. 어떤 시인들은 시인의 말을 간결한 시로 표현하기도 하지요. 어떤 양식이든 시인의 말은 시 한 편을 읽을 때마다 곰곰이 생각해 보면 좋을 화두입니다.

표제작과 시인의 말을 읽으면 '이 시집의 분위기는 낭만적이겠구나!' 또는 '이 시집은 생명을 소중히 다루는 시들이 실렸구나!' 같이 시집의 인상을 느낄 수 있습니다. 이러한 인상에 따라 언제, 어디에서 읽는 것이 더 좋을까 고민해 봐도 좋습니다. 예를 들면, 저녁에 가족들과 함께 읽기, 친구집에서 같이 읽기, 공원에서 읽기, 나무 그늘 의자에서 읽기, 강아지와 함께 읽기 등등 시집의 분위기를 잘 살릴 수 있는 읽기 시간이나 공간을 선택해 보는 것도 읽기의 재미를 더합니다.

마지막으로 시집의 차례를 보고 아이가 먼저 읽고 싶은 부분을 찾아서 읽어 보게 합니다. 장 제목이 있다면 장 제목을 보고 선택하면 되고, 1부, 2부, 3부로 되어 있다면 순서대로 읽어도 무방합니다.

짧은 동시를 읽고
긴 글을 척척 읽는 아이

아이 혼자 동시책 1권을 읽기란 어려운 일입니다. 동시는 짧지만 여러 의미를 지니며, 많은 것을 생각하게 만들어 쉽게 손이 가지 않지요.

1편의 동시를 읽을 때마다 시의 장면을 그림으로 그려 보거나, 작게 혹은 크게 읽어 보게끔 지도하세요. 동시책을 읽으면서 그 가운데 유독 재미있는 동시를 몇 편 골라 보게끔 하는 것도 좋은 방법입니다. 왜 그 동시를 골랐는지 물어보고, 동시가 표현하는 의미를 같이 이야기하며 아이의 생각을 확장시켜 줄 수 있으니까요.

부모는 아이가 즐겁게 읽을 수 있는 분위기를 조성해야 합니다.

차분한 음악을 들려주는 방법 중 하나입니다. 충분히 감상하며 읽을 수 있도록 방해하지 마세요. 자연스럽고 편안하게 읽을 수 있도록 시간도 충분히 제공해야 합니다. 대체로 1시간 정도, 또는 책의 두께나 난이도에 따라 그 이상 독서에 몰입할 수 있는 분위기 조성이 중요합니다. 1권에 수록된 모든 동시를 여유롭고 재미있게 읽을 수 있는, 충분한 시간을 줄 필요가 있습니다.

감상이 끝나면 아이와 함께 독후 활동을 계획해 봅시다. 아이가 재미있어 하는 시에 포스트잇을 붙이는 것도 좋은 독후 활동입니다. 아이의 마음을 끄는 시구를 색연필 등으로 강조하도록 할 수도 있겠지요. 시의 내용을 그림 혹은 만화로 표현할 수도 있고요.

여러 편 가운데 특별히 재미있는 상상이다 싶은 동시를 A4 용지에 그대로 옮겨 쓰고 그 옆에 상상한 장면을 그려 보는 것도 재미있습니다. 이때 그림으로 표현하기 힘든 부분을 글씨로 표현할 수 있게끔, 만화 형태로 그리는 방법을 추천합니다. 잘 그리기보다 상상한 장면을 구체적으로 표현하는 것이 중요하기 때문입니다.

아이만의 느낌을 재현하기

일반적으로 초등학생들은 재미있는 동시를 읽고 나면 따라 쓰고 싶어 합니다. 시에서 느낀 감동이나 재미를 자기화시키고자 하는 창작 욕구는 매우 바람직하지요. 부모는 이러한 욕구 표현의 기회를 살려 주어야 합니다. 다음은 최승호 시인의 〈멍게〉라는 동시를 읽고 자기만의 해석으로 바꿔 쓴 어느 아이의 글입니다.

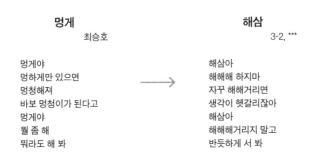

멍게

최승호

멍게야
멍하게만 있으면
멍청해져
바보 멍청이가 된다고
멍게야
뭘 좀 해
뭐라도 해 봐

해삼

3-2, ***

해삼아
해해해 하지마
자꾸 해해거리면
생각이 헷갈리잖아
해삼아
해해해거리지 말고
반듯하게 서 봐

동시 〈멍게〉에서 보이는 말놀이적 요소는 초등학교 3학년 아이가 흉내 내기 적절한 예시입니다. '멍게'라는 이름에서 시어를 선택하여 '멍하게', '멍청이' 등을 반복하는 말놀이에 재미를 느낀 아이라면 따라 하고 싶어하지요.

아이가 직접 고른 동시 낭송(암송)하기

동시집 1권을 읽고 난 후 재미있고 기억에 남는 동시 몇 편을 고르게 합니다. 고른 시 가운데 1~2편을 암송하거나 낭송할 준비를 하는데, 가능한 시간을 충분히 주세요. 아이는 준비 활동을 하면서 선택한 시를 더욱 깊이 읽으며 분석적이고 종합적인 사고로 시를 감상하니까요.

이때 부모는 아이가 천천히, 적절한 속도를 유지하며 알맞은 목소리를 내는지 신경 써야 합니다. 동시 암기를 어려워하거나 읽지 못한다면 부모가 천천히 낭송해 주는 것도 좋습니다. 그 외에도 시의 분위기에 알맞은 배경음악을 깔고 낭송하거나 판토마임 스타일로 몸짓하며 암송하기를 추천합니다.

어휘력 더하기+
동시집 추천

고은, 《차령이 뽀뽀》, 바우솔, 2011

구옥순, 《말의 온도》, 청개구리, 2016

권영상, 《구방아, 목욕 가자》, 사계절, 2009

권오삼, 《고양이가 내 뱃속에서》, 사계절, 2001

김개미, 《레고나라의 여왕》, 창비, 2018

김바다, 《안녕 남극!》, 미세기, 2013

김용택, 《콩, 너는 죽었다》, 실천문학사, 1998

김유진, 《뽀뽀의 힘》, 창비, 2014

김종상, 《꿈꾸는 돌멩이》, 예림당, 2010

김창완, 《무지개가 뀐 방이봉방방》, 문학동네, 2019

김철순, 《사과의 길》, 문학동네, 2014

김현욱, 《지각중계석》, 문학동네, 2015

노원호, 《꼬무락 꼬무락》, 푸른책들, 2011

도종환, 《누가 더 놀랐을까》, 실천문학사, 2008

문삼석, 《도토리 모자》, 아동문예, 2001

박금래, 《꽃피는 보푸라기》, 한겨레아이들, 2016

박방희, 《참 좋은 풍경》, 청개구리, 2012

송선미, 《옷장 위 배낭을 꺼낼 만큼 키가 크면》, 문학동네, 2018

송현섭, 《착한 마녀의 일기》, 문학동네, 2018

신새별, 《별꽃 찾기》, 아동문예, 2005

신형건, 《거인들이 사는 나라》, 푸른책들, 2015

안도현, 《나무 잎사귀 뒤쪽 마을》, 실천문학사, 2007

유강희, 《손바닥 동시》, 창비, 2018

유희윤, 《맛있는 말》, 문학동네, 2010

윤동재, 《재운이》, 창작과 비평사, 2002

이준관, 《쥐눈이콩은 기죽지 않아》, 문학동네, 2017

이안, 《글자동물원》, 문학동네, 2015

임길택, 《산골아이》, 보리, 2002

정호승, 《참새》, 처음주니어, 2010

최승호, 《말놀이 동시집》, 비룡소, 2005

함민복, 《바닷물 에고, 짜다》, 비룡소, 2009

6장

쌓인 어휘만큼
세상을
크게 보는 아이들

아이의 어휘력이
빛나는 순간

이런 말이 있습니다.

"혼자 수천 권의 책을 읽은 잘난 지식인보다 한 권의 책을 읽고
여러 사람과 토론한 지식인이 더 낫다."

자신의 의사를 논리적이고 효율적으로 표현하는 능력과 상대의
의견을 존중하며 듣는 자세를 키울 수 있으며, 비판적 사고로 냉철
하게 분석하고 합리적으로 조정하는 의사소통 능력까지 키울 수
있다는 토론의 장점을 강조한 말입니다.

고대 아테네 시대 이후로 민주 사회에서는 특히 의사 결정이 대부분 '토의'(Discussion)와 '토론'(Debate)으로 이루어집니다. 그런데 토의와 토론이라는 용어는 일상생활에서나 학교, 기업이나 공공기관 등에서 서로 분리되지 않고 호환됩니다. 즉, 어떤 곳에서는 토론한다고 하면서 토의하고, 또 어떤 곳에서는 토의한다고 하면서 토론합니다.

설득하는 말하기, 토의와 토론은 무엇이 다를까?

토론과 토의는 둘 다 모여서 의견을 나누는 '집단적 말하기'를 가리킵니다. 하지만 협의의 개념으로 볼 때, 토의가 어떤 문제에 대한 집단 공통의 문제 해결 방안을 찾아 나가는 '협력적 말하기'라면, 토론은 어떤 논제에 대하여 찬성(긍정)과 반대(부정)의 의견을 가진 대립적인 사람들이 모여 자신의 주장에 대한 논리적 정당성을 입증함과 동시에, 상대방 주장의 논리적 부당성을 입증하는 '경쟁적 말하기'입니다.

토의와 토론의 차이점은 이 밖에도 많습니다.

첫째, 토의는 협의를 바탕으로 한 협력적 사고를 의도하지만 토론은 대립적인 주장으로 논쟁의 방식을 취한다는 점이 그렇습니다.

둘째, 토의는 한 가지 문제에 대해 다양한 의견을 발표하지만 토론은 어떤 문제에 대해 "이다/아니다"로 맞선 양쪽의 주장으로 나타난다는 점에서도 확인됩니다.

셋째, 토의는 전문가의 설명이나 토론이 개입될 수 있으나 토론은 원칙적으로 토론자끼리만 발언한다는 점에서도 차이가 있지요.

마지막으로 토의는 집단적 사고의 장점을 인정하는 바탕 위에서 이루어지지만 토론은 논리적 사고를 신뢰하는 바탕 위에서 이루어진다는 점을 들 수 있습니다.

〈토의와 토론의 관계〉

협의　의논　토의　토론　논쟁

보통 사람과 사람이 만나서 의사 결정할 일이 발생하면, 위에 제시된 말하기가 활용됩니다. 논쟁은 그야말로 '말로 하는 전쟁'이므로 입장 차이만 확인하는 데서 그칩니다. 하지만 토론이나 토의, 의논이나 협의에서는 합리적인 의사 결정을 위해 상호 협력하는 말하기가 필요합니다. 찬성팀과 반대팀으로 나뉜 토론도, 모두 최종 결정에 따르겠다고 동의하고 시작해야 합니다. 토론이든 토의든 목적 파악이 가장 중요합니다. 이는 토의에 맞는 주제 또는 토론에 맞는 논제를 이해하는 일과도 상통합니다. 아이와 어떤 문제가 생겼을 때 토의나 토론을 활용해 보면 어떨까요?

아이들은 시도 때도 없이 좋아하는 물건을 사달라고 조릅니다. 이때 '장난감을 사야 한다'라는 논제를 정하고, 아이는 찬성측, 엄마는 반대측으로 토론을 할 수 있습니다. 가족 중에서 토론에 참여하고 싶은 사람들이 있다면, 찬성팀과 반대팀으로 나누어 토론할 수도 있지요. 토론에서 찬성팀은 논제를 입증해야 하는 책임이 있으니 아이는 원하는 물건을 사기 위해 최대한 타당한 근거들을 모아서 주장을 펼칠 것입니다. 떼쓰는 상황과 타당한 주장을 펼치는 상황은 천지 차이입니다. 타당한 주장을 하기 위해서 아이 본인이 기본적으로 선량하고, 약속을 잘 지키는 이성적인 사람이 되어야 하니까요. 떼쓸 때는 '갖고 싶다'고만 할 뿐 왜 갖고 싶은지 생각하지 못하던 아이가 감정적이 아니라 이성적으로 판단하는 것입니다. 엄마 역시 장난감을 사달라고 떼쓰는 아이를 혼내기보다는 '장난감을 사지 말아야 하는 이유'로 설득하려고 할 테고요.

보통 가족 사이에 토론의 장이 펼쳐지면 당연히 어른이 이기리라고 많이들 생각하지만, 아이들과 정작 토론해 보면 상상하지도 못한 이유와 근거로 부모를 깜짝 놀래키는 경우가 많습니다. 그 물건이 필요한 이유를 잘 설명하지 못하면 엄마의 말이나 약속을 기억해 내어 엄마를 꼼짝 못하게 만들기도 하지요. 말문이 막힌 부모들은 돈 없어서 사 줄 수 없다는 최후의 카드를 날리기도 합니다. 그러면 아이가 말할 것입니다.

"그걸 사줄 돈이 없었다면, 우리는 토론을 시작할 필요도 없었다는 거네요!"

어떤 물건을 사야 한다는 토론은 결국 아이와 이견을 조율하며, 사야 할 물건의 종류나 가격 협상까지 진행되는 경우가 많습니다. 하지만 이해 가능한 근거가 있다면 서로 억지를 부릴 수는 없을 것입니다.

어휘력을 빛내 줄 토의와 토론의 관계

분명한 개념적 차이가 있지만, 교육 현장에서는 토의와 토론의 엄밀한 구분을 요구하지 않습니다. 구별 없이 '토의·토론'이라고 묶어서 사용하기도 하고, '토론'이라고 하면서 포괄하기도, '토의'라고 하면서 포괄적으로 사용하기도 합니다. 토론이 때로는 토의가 될 수도 있기에 토론을 넓은 의미의 대화하기로 보고 이 둘의 개념을 아울러 사용할 때도 많습니다. 토론 전에는 항상 토의의 과정이 수반되므로 토의를 참여식 토론으로 부르기도 하고요. 구체적으로 두 가지 방식으로 나눌 수 있지요.

첫째, 토론가미토의(討論加味討議) 방법으로 토의 전개 과정 중에 토론 방식을 가미하는 것입니다. 특정 주제에 각자의 의견을 개진하면 각 대안에 대해서 찬반 대립의 의견을 활발히 교환합니다. 그러나 특정 결론이 아니라 대안 또는 안건 도출에 더 관심을 둡니다. 둘째, 토의가미토론(討議加味討論)의 방법입니다. 토의를 토론에 가미하는 방식으로 특정 주제에 대해 찬성과 반대 의견을 나누다가, 결론을 도출한 뒤 그 결론에 대해서 다시 토의하는 것입니다. 각각의 토의로 도출된 대안들은 다시 토론을 거칩니다. 이때는 결론 도출에 가장 큰 관심을 가집니다.

〈토의와 토론의 통합〉

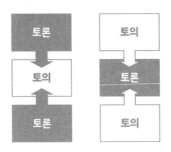

토의 혹은 토론은 상황에 따라 개별적으로 이루어지기도 하고, 어느 한쪽이 다른 한쪽을 끌고 가거나 융합하면서 이루어질 수도 있습니다. 주어진 문제의 성격, 참여자의 특성, 허용된 시간, 그것이 이루어지는 장소 등의 상황적 요인에 따라 토의를 진행할 수도 있고, 토론을 진행할 수도 있습니다.

토의와 토론

토의와 토론은 아이디어와 정보를 낳는 필수 조건입니다. 사람의 마음을 건전하게 성장시키는 데에도 매우 필요합니다. 토의·토론을 통한 문제 해결 방법은 사람들에게 서로 공동의 문제를 깨우치도록 자극하고 문제의 확인뿐만 아니라 정확한 탐구까지 문제 해결 방법을 모색할 수 있습니다.

토론은 학습자에게 자기 스스로 사고하는 능력은 물론 자기 의견을 발표하는 의사 표현력에 더해 타인의 의견을 존중하고 이를 관대하게 받아들이는 민주적 태도까지 길러 줍니다. 또한, 학습자 중심의 과정으로써 학습자의 참여와 피드백 등 상호작용도 활발히 진행되지요. 이러한 토론 학습은 사회적 기능 및 태도와 집단의식을 향상시킵니다. 다른 구성원의 비판적 입장에 의해 어떤 주제에 대한 선입견과 편견이 수정될 수도 있으며 구성원들의 자율성도 향상시킬 수 있습니다.

싸우지 않고 설득하는
아이의 비밀

꼭 학교에서만 토의·토론을 해야 하는 것은 아닙니다. 미국의 20대 대통령인 존 케네디*John F. K. Kennedy* 일가가 가정에서 일상적으로 토의·토론을 나누었다는 사실은 익히 잘 알려져 있지요.

가정에서 토의·토론을 시도하기 어려운 이유는 가족 인원수가 너무 적거나 많기 때문이 아닙니다. 토의든 토론이든 둘이서도 할수 있고, 더 많은 사람끼리 편을 짜서 할 수도 있습니다. 다만 가정에서는 토의나 토론에 어떤 방법을 활용해야 할지 잘 모를 수 있습니다. 이에 가정에서도 충분히 따라 할 수 있는 토의·토론 방법들을 소개합니다.

아이와 문제 해결을 같이하는 방식

'문제 해결의 벽'이라는 놀이를 제안합니다. 문제 해결의 벽은 아이에게 자신의 고민거리나 문젯거리를 장시간에 걸쳐 고민해 보도록 하는 데 좋습니다. 아이가 포스트잇 같은 빈 종이에 자기의 고민거리나 문제를 쓰고 벽에 붙이면, 부모와 함께 이에 대한 의견을 자유롭게 개진하는 방식입니다. 자연스럽게 아이의 생각을 알게 되고, 문제를 해결하는 과정에서 해결력도 키울 수 있습니다. 이런 놀이는 어휘력 향상뿐만 아니라 가정에서의 크고 작은 문제도 함께 생각해 볼 수 있다는 점에서 일석이조의 효과를 거둘 수 있습니다.

토론은 어떤 문제(주제)에 대해 여럿이 토론자의 의견을 공유하는 것입니다. 토의·토론을 하면서 가족인 형제자매와 부모도 자신과 생각이 다를 수 있다는 사실을 자연스럽게 깨우칠 수 있지요. 어떤 문제에 대해 이유와 근거를 제시하면서 논리적으로 말할 수 있는 능력도 길러집니다. 주장을 논리적으로 펼치려면 어휘력 또한 좋아야 합니다. 그래야 설득력 있게 말할 수 있겠지요.

토론에서는 찬성과 반대 의견이 아닌 중립도 선택할 수 있으니 아이에게 어떤 의견이든 존중해야 한다고 알려 주세요.

미국이 자랑하는 풀뿌리 민주주의 방식 중에 '타운 홀 미팅'(town hall meeting)이 있습니다. 국회나 지역의회에서 활동하는 정치인이 주민과 만나 관심사에 대하여 토론을 벌이는 것입니다. 특정 입법이나 규정이 필요할 때에는 어김없이 타운홀 미팅이 열립니다. '타운 홀'(town hall)이 시청사를 의미한다고 반드시 그곳에서 할 필요는 없습니다. 학교나 도서관, 지자체 건물 어디에서든 열릴 수 있지요. 지역을 순회하며 열리기도 합니다. 요즘은 인터넷 플랫폼을 활용하기도 한다고 합니다.

타운 홀 미팅은 보통 충분한 시간을 갖는 경우가 많습니다. 그래야 시민들의 의견을 충분히 경청하고, 문제 없는 규정을 만들 수 있으니까요. 또한 어린이부터 어른까지 남녀노소 누구나 발언할 수 있습니다. 미국 최장기 타운 홀 미팅은 1997년 미국 미네소타주 미니애폴리스시에서 열린 사슴 사냥 허용 여부에 대한 것이었습니다. 사슴 수가 너무 많아 주민의 피해를 생각해 사냥을 허용해야 한다는 찬성팀과 사슴 수가 정확하지 않아 사냥을 할 수 없다는 반대팀이 만나 6개월간 토론했다고 합니다. 이렇게 긴 기간 충분히 의견을 나누고 나니, 주민들의 이해가 높아질 수밖에 없겠지요. 타운 홀 미팅이 진행되는 동안 미국 내 가정에서도 동일한 주제로 토론할 가능성이 큽니다. 가정에서도 사회 공동체의 문제를 자연스럽게 논의하는 것이지요.

우리나라에도 밥상머리교육이라는 것이 있습니다. 가족끼리 밥 먹으면서 자연스럽게 이야기를 나눌 때 하는 교육이지요. 요즘은 가족 전체가 모여 식사하는 일이 점점 줄어드는 것 같습니다. 가족이 함께 식사할 때 스마트폰이나 텔레비전에 시선을 빼앗기고요. 적어도 일주일에 1~2번은 함께 식사하면서 자연스럽게 아이와 대화하는 시간을 만들어 보면 어떨까요? 스마트폰이나 텔레비전을 끄고 서로 말에 귀 기울여 집중한다면, 우리 가족만의 풍부한 이야깃거리를 찾을 수 있을 것입니다.

브레인스토밍으로 생각을 확장하는 법

브레인스토밍은 토마스 에디슨이 설립한 제너럴 일렉트릭 (General Electric)에서 1939년 창조성 훈련과정 중 기술자들의 행동을 관찰하던 미국의 오즈번 Alex F. Osborn 박사가 창안한 기법입니다. 번개처럼 떠오르는 참신하고 기발한 생각을 포착해 내는 착상법이라 '묘안 착상법' 혹은 '팝콘 회의'라고도 합니다. 특정 주제나 문제점에 대해 사람들이 자기 의견이나 아이디어를 자유롭게 제시함으로써 창조성 개발을 위한 기법으로 많이 이용되지요. 리더, 기록자 외에 10명 이내의 참가자들이 기존의 관념에 사로잡히지 않고 자유로운 발상으로 아이디어나 의견을 내는 방식입니다.

브레인스토밍이 원만히 진행되기 위해서는 다음의 네 가지 원칙이 지켜져야 합니다.

첫째, 자유분방한 아이디어나 의견을 낸다. 둘째, 타인의 아이디어나 의견을 비판하지 않는다. 셋째, '질보다 양'의 발상에서 다수의 아이디어와 의견을 낸다. 넷째, 타인의 아이디어나 의견을 조합시켜 새로운 아이디어나 의견을 만든다.

부모는 회의 규칙을 큼직하게 써 붙여 아이에게 규칙을 지켜야 한다는 사실을 인식시킵니다. 자유롭게 발언할 환경을 만들어야 하기 때문에 발언에 관한 판단은 일단 뒤로 미룹니다. 적극적이고 역동적으로 견해를 수용하고 격려하되, 제시된 견해의 10퍼센트만이 최종 분석에서 채택될 것이므로 제출된 의견의 분량을 조절합니다. '왜, 언제, 어디서, 누구와, 어떻게, 무엇을' 따위의 '의문사' 사용으로 아이디어를 발산시킵니다. 유의 사항은 다음과 같습니다.

① 자유롭게 이야기할 수 있어야 한다.

② 아이디어 자체가 중요하게 다루어지는 분위기를 조성한다.

③ 새로운 아이디어를 낼 수 있게 융통성 있는 분위기를 조성한다.

④ 시간적 여유가 충분한 문제에 적당하다.

'이번 가족여행은 어디로 갈 것인가?', '우리 가족만의 규칙은 무엇을 만들까?', '즐거운 가족문화를 위해 꼭 필요한 것은 무엇이 있는가?' 같은 문제에 활용할 수 있습니다. 아이들은 각자 자기 생각대로 자연스럽게 이야기하고, 부모는 발표 내용에 대하여 지나치게 조언하지 않는 것이 좋습니다.

브레인스토밍의 기본 원칙은 아래와 같습니다.

① 비판 금지의 원칙 : 브레인스토밍 과정이 끝날 때까지 타인과 자신의 아이디어나 생각에 대해 비판을 금지한다.

② 자유분방의 원칙 : 어떠한 아이디어라도 거리낌 없이 표현할 수 있는 분위기를 조성해야 한다.

③ 질보다 양 우선의 법칙 : 바로 도움 되는 질이 좋은 아이디어에 얽매이지 않고 가능한 한 많은 아이디어를 낸다. 제시한 아이디어가 많을수록 좋은 아이디어가 나올 확률이 높다.

④ 결합과 개선의 원칙 : 브레인스토밍에서 나오는 아이디어는 공

유 재산으로 본다. 제시된 아이디어를 개선하거나 결합하여 더욱 낫게 만드는 것은 집단 협력의 한 형태로 받아들여야 한다.

브레인라이팅

독일의 분석기법 전문가 헤르만 홀리거*Hermann Holliger*가 개발한 635 법을 프랑크푸르트에 있는 바텔(Battelle) 연구소에서 개량한 '브레인라이팅'(Brain writing)이라는 기법도 있습니다. 6명이 둘러앉아 3개 아이디어를 5분 내에 기입하고 옆으로 돌리는 방법인데, 브레인스토밍의 변형이기 때문에 '침묵의 브레인스토밍'이라고도 합니다. 브레인라이팅에서는 구성원의 아이디어를 종이에 직접 기록한 다음 제출하고, 수집된 카드를 게시판에 부착하여 아이디어를 교환, 검토함으로써 새로운 아이디어를 창출합니다.

모든 여건이 똑같을 경우, 브레인라이팅 그룹이 브레인스토밍 그룹과 비교해 더 많은 아이디어를 창출한다고 합니다. 이유가 무엇일까요? 다른 사람들과 함께하는 일을 말로 처리하면 그렇지 않을 때보다 비생산적이 될 경우가 많습니다. 거기에 더해 브레인스토밍 시에 그룹 구성원 각자는 돌아가면서 한 번에 하나의 의견밖에 말하지 못하지만, 브레인라이팅 시에 시간에 대한 제약 없이 각구성원이 가지고 있는 모든 의견을 내놓을 수 있기 때문입니다.

어휘를 수집하면
자신만만해지는 이유

'구슬이 서 말이어도 꿰어야 보배'라는 말이 있습니다. 이 말처럼 어휘력도 말하거나 글 쓸 때 가장 강력한 힘을 발휘합니다. 단어가 가진 다양한 의미가 제대로 실현되려면 특별한 맥락에서 문장 안에 포함되어야 하지요. 이 순간 어휘에 잠재된 의미가 드러납니다. 하지만 글쓰기 상황에서 선뜻 자신 있게 준비하는 사람은 드뭅니다.

유독 글쓰기를 좋아하는 사람들도 있지만, 대부분은 글쓰기까지 마음의 준비를 하는 데 여러 날이 걸립니다. 그리고 글쓰기를 두려워하기는 아이들도 마찬가지입니다.

아이가 글쓰기의 두려움을 깨도록

예전 초등학생들은 철마다 글짓기 대회에 참가했습니다. 새로운 학생들이 입학하고 학년이 바뀌는 3월에는 학교사랑 글짓기 대회, 4월에는 과학의달 글짓기 대회, 5월에는 가정의달 기념 편지 쓰기 대회, 6월에는 호국보훈의달 충효 글짓기 대회가 있었지요. 이렇게 1학기가 막을 내렸습니다. 2학기가 시작되는 9월은 운동회로 바쁘게 흘러가고 10월이 되면 독서의 계절을 맞아 독서감상문 쓰기 대회가 열렸습니다. 11월에는 불조심 강조의달로 불조심과 안전에 대한 글짓기 대회를 했지요. 12월도 빠지지 않았습니다. 불우이웃돕기를 위한 글짓기 대회가 있었지요.

이렇게 거의 매달 글짓기 대회에 참여하다 보니, 학생들은 월중 행사려니 하고 대회에 무감각하게 참여했습니다. 글짓기 대회만 있다고 하면 저절로 볼멘소리를 했지요. 그리고 꼭 이렇게 물었습니다.

"선생님, 몇 줄 써요?"

아이들은 분량에 대한 부담도 컸던 모양입니다. 글짓기 대회의 수상도 글을 잘 쓰는 몇몇 아이들에게 돌아갔습니다. 글쓰기 능력은 하루아침에 향상되기 어려우니까요.

현재 전교생이 참여하는 글짓기 대회는 역사 속으로 사라졌습니다. 글짓기 대회나 공모전에는 원하는 학생들만 참여하도록 하고 있지요. 초등학교 교육과정의 괄목할 만한 성장입니다. 글짓기 대회가 사라진 결정적인 이유 중 하나는 글쓰기 교육을 바라보는 관점이 달라졌다는 점입니다. 주제에 맞춰 글을 쓰라는 백일장은 '결과 중심적 글쓰기'입니다. 결과 중심적 글쓰기는 결과물에만 관심이 있습니다. 쓰는 과정에는 관심이 없지요. 글감을 어떻게 찾을지, 아이디어나 자료를 어떻게 수집할지, 어떤 장르를 선택할지의 문제는 오롯이 글쓴이의 몫으로 넘겨 버립니다.

최근에는 글쓰기의 과정을 중요하게 다루는 과정 중심적 글쓰기 교육이 주도적으로 실행되고 있습니다. '과정 중심적 글쓰기' 교육은 과정에 더 많은 의미를 부여합니다. 학생의 글쓰기 능력 향상을 위해 글감 찾는 법, 아이디어를 생성하고 조직해 글로 완성하는 과정, 퇴고하고 윤문하는 과정까지 중요하게 다룹니다. 정보 윤리나 저작권도 잊지 않고 교육시킵니다. 이렇게 글쓰기 교육의 방향이 선회한 상황에서 백일장식 글짓기 대회는 설 자리를 잃을 수밖에 없습니다.

과정 중심적 글쓰기에서는 아이들에게 쓰기의 정확성보다는 유창성을 길러 주려 합니다. 쓰기의 정확성은 맞춤법이나 논리적 흐름과 같은 부분입니다. 반면 유창성은 얼마나 많이 쓸 거리를 떠올릴 수 있느냐의 문제이지요. 유창성을 충분히 길러 준 뒤에 정확성을 지도해야 아이들의 글쓰기 능력 향상에 더 효과적입니다. 엄격한 받아쓰기가 아이들의 표현력에 부정적 영향을 미칠 수 있는 것과 같은 맥락입니다. 다시 말하지만, 정확성보다는 유창성이 먼저입니다.

유명한 작가는 대부분 어휘 수집가

글쓰기의 유창성을 향상시키는 가장 쉬운 방법은 '구두 작문(oral writing)으로 글쓰기'를 시작하는 것입니다. 구두 작문은 말 그대로 입으로 글쓰기합니다. 구두 작문에서는 글쓰기 시 발생하는 인지적인 제약, 즉 경필·띄어쓰기·맞춤법·문장과 문단 구성 등을 고민하지 않아도 됩니다. 이는 생각을 글로 표현하는 과정에서 필요한 복잡한 인지 작용을 지혜롭게 처리하는 방법입니다. 글쓰기에 서툰 아이들에게 구두 작문을 시키면 글쓰기 내용이 놀랍게 풍부해짐을 확인할 수 있습니다.

두 번째 방법으로 '메모하기'를 들 수 있습니다. 머릿속에 떠오르는 생각은 휘발성이 높아 부지불식간에 사라져 버리기 십상입니다. 하지만 생각이나 느낌이 떠오를 때마다 메모하는 습관을 들이면 글쓰기 유창성을 기르는 데 도움이 됩니다.

위인 중에도 메모광인 사람이 많습니다. 가장 대표적인 사람은 레오나르도 다빈치입니다. 레오나르도 다빈치는 글뿐만 아니라 그림까지 함께 메모했습니다. 평생 3만 장이 넘는 메모를 남겼다고 하니, 그가 얼마나 메모를 생활화했는지 알 수 있습니다.

레오나르도 다빈치뿐만 아니라 만유인력의 법칙을 발명한 뉴턴이나 발명왕 에디슨, 미국 16대 대통령 링컨 등도 메모광으로 유명합니다.

우리나라는 어땠을까요? 우리나라 선비들에게는 항상 메모할 수 있는 종이 보관 상자가 있었다고 합니다. 떠오른 생각을 적어서 옮기는 행위를 '질서'(疾書)라고 하고, 책 이름에도 붙일 정도였으니 떠오른 생각을 그때그때 적어 두려는 행동은 거의 전 세계적으로 전통이라고 할 만합니다.

다산 정약용은 메모에 있어서 한국의 레오나르도 다빈치라고 할 수 있습니다. 그 덕인지 지리학, 의학, 국방, 법학, 정치학 등 다방면에 걸쳐 600여 권을 저술했습니다. 이런 말을 남기기도 했지요.

"기억을 믿지 말고 손을 믿어 부지런히 기록하라. 기록이 있어야 기억이 복원된다."

정약용은 제자들을 교육할 때도 질문과 대답을 기록으로 남기라고 했다고 하니, 그의 메모벽은 지혜를 쌓는 도구였음이 분명합니다. 이 밖에도 〈홍길동전〉을 지은 허균, 〈열하일기〉를 지은 박지원 등도 기록 남기기를 즐긴 지식인들이었습니다.

구두 작문과 메모에는 공통점이 있습니다. 떠오르는 생각을 가감 없이 그대로 말하거나 쓴다는 점입니다.

가끔 영재성이 보이는데 글씨 쓰기는 싫어하는 아이들이 있습니다. 이런 아이들은 필기보다 말하기를 더 좋아합니다.[14] 규칙을 배우기 힘들어하거나 감각과민증을 보이는 모습은 영재의 대표적인 특성입니다. 이런 아이들에게는 글쓰기가 쉽지 않은 수행일 수 있습니다. 글쓰기가 생각만큼이나 빨리 진행되지 않기 때문에 무료하게 느낄 수도 있지요. 구두 작문이나 메모는 이런 영재들에게 생각을 잡을 수 있는 중요한 수단이 될 수 있습니다.

종이와 연필로 메모하던 과거와 달리 오늘날에는 메모 또는 녹음 기능이 있는 앱이 다양하게 존재합니다. 생각을 잡는 방식이 아날로그에서 디지털로 바뀌고 있는 것입니다. 구두 작문이나 메모하는 습관을 기르기 위해 스마트폰을 활용할 수도 있습니다. 어른들도 인상적인 무엇인가 떠오를 때 바로 사진 등으로 남겨 두면서 기록을 남기지요. 메모를 종이가 아니라 디지털 자료로 저장하고, 아이들과 새로운 메모의 방법을 서로 공유해 보기를 추천합니다.

아이디어

사람마다 생각이 샘솟는 공간은 따로 있습니다. 아인슈타인은 좋은 아이디어를 얻기 위해 혼자 자주 배를 탔다고 합니다. 수영할 줄 모르는데도 구명조끼가 아니라 메모지와 연필을 먼저 챙겼다는 일화가 유명합니다. 괴테도 새로운 생각을 떠올리거나 몰입하고 싶을 때 집 앞에 있는 보리수나무 아래로 갔다고 하지요.

개인적으로 선호하는 공간에 가면 마음이 편안해지면서 생각의 빗장도 풀리는 듯합니다. 아이들에게도 이러한 공간을 마련해 주면 어떨까요? 집 안에 아이가 혼자 몰입할 공간을 만들어 주세요. 아이 방이 없다면 안방의 한쪽 공간을 마음대로 사용하라고 해도 좋습니다. 그 공간에서는 무엇이든 생산적인 활동을 하도록 격려해 주세요.

아이가 좋아하는 장소가 있다면 집 밖에 자주 방문해 몰입 시간을 만들어 줄 수 있습니다. 애착 인형처럼 애착 장소도 만들 수 있는 셈입니다. 아이들은 자신만의 공간에서 생각을 한층 더 높고 넓게 나래를 펼칠 것입니다.

어휘 개념을
파악한 아이에게 있는 것

초등학교에서는 1년에 한 번씩 학부모 총회를 합니다. 주로 3월에 이루어지지요. 그런데 학년마다 교실의 분위기는 사뭇 다릅니다. 1학년을 비롯한 저학년 교실에는 부모들로 가득합니다. 부모들은 물론이고 할머니와 할아버지, 미취학 동생들까지 오기도 합니다. 하지만 3학년이나 4학년만 되어도 부모들의 관심이 부쩍 줄어듦을 알 수 있습니다.

아이에 대한 부모의 관심은 초등학교 입학 즈음 가장 높아집니다. 본격적으로 사회생활을 시작하는 아이를 바라보며 기대와 동시에 염려하는 마음이 생기기 때문입니다.

학년마다 달라지는 학부모 총회의 모습은 학교나 담임교사와의 소통과 기대감에 대한 표현일 수도 있고, 아이가 어느 정도 학교에 적응했다고 판단한 신뢰감의 표현일 수도 있습니다. 실제로 3~4학년 학생들은 학교생활이 아주 익숙한 상황이니까요. 3~4학년 학생들의 문제는 학교생활이 아닙니다. 공부의 양과 질이 1~2학년과는 다른, 낯선 상황이라는 것입니다.

어휘 학습이 기하급수적으로 늘어날 때

초등학교 3학년부터는 교과와 학습 활동 형태가 이전 학년과 완전히 달라집니다. 초등학교 1~2학년 과목은 〈국어〉, 〈수학〉, 통합교과(〈안전한 생활〉 포함) 정도입니다. 매우 단출한 교과들이고, 수업도 2시간 연속으로 진행됩니다. 주요 학습 활동도 책상에 오래 앉아 있는 것이 아니라 몸을 움직이는 놀이 형태지요. 그런데 3학년부터는 〈도덕〉, 〈국어〉, 〈수학〉, 〈사회〉, 〈과학〉, 〈음악〉, 〈미술〉, 〈체육〉, 〈영어〉, 〈창의적 체험 활동〉 등 교과부터 다양해집니다. 수업 시수뿐만 아니라 배워야 할 학습 내용도 엄청나게 늘어납니다. 교과에서 다루는 내용도 저학년과 사뭇 달라지고요. 언뜻 놀이 같은 공부 속에도 난이도 있는 문제가 숨어 있는 경우가 많습니다. 따라서 3학년이나 4학년 때 학교 공부에 적응하지 못하면, 이후에 진행되는 고학년 학습을 성공적으로 마무리하기란 쉽지 않습니다.

어휘는 어떨까요? 어휘의 수와 종류도 기하급수적으로 늘어납니다. 내용 교과로 알려진 〈사회〉나 〈과학〉, 〈도덕〉에서 다루는 어휘가 〈국어〉에서 다루는 어휘보다 상당히 수준이 높습니다. 공식적으로 〈영어〉를 배우므로 영어단어도 외워야 합니다. 아이가 저학년일 때는 학교에서 친구들과 사이좋게 잘 지내면서 공동체 생활에 적응하는 것이 큰 과제였다면, 3학년부터는 그야말로 추상적인 사고를 정교화하면서 논리적인 판단력을 키워주는 일이 큰 과제가 됩니다.

어휘 마인드맵으로 정리하기

초등학교 3학년은 개념어에 대한 이해로 어휘력을 폭발시켜야 하는 학년입니다. 3학년부터는 아이들에게 어휘 공책을 만들도록 하는 것이 좋습니다. 어휘 공책를 따로 만들기 어렵다면 스터디플래너 또는 일기장도 활용할 수 있습니다.

먼저 새롭게 알게 된 단어를 기록합니다. 의미 기록보다 이 단어를 넣은 문장 쓰기를 추천합니다. 이어서 관련 단어들을 떠올려 봅니다. 일종의 '마인드맵'(mind map)을 해 보는 것입니다. 마인드맵은 다양한 분야에서 아이디어를 창출하거나 내용을 정리하기 위해 다양하게 활용되고 있는데, 어휘 공부에도 유용합니다.

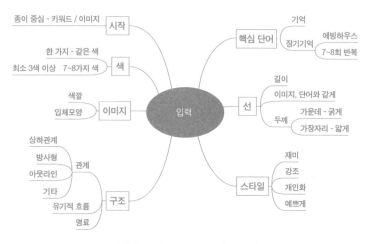

출처: https://www.xmind.net/m/Sesz/

위와 같은 마인드맵은 중심이 되는 어휘에 그것을 설명하는 개념이나 요소들로 구성됩니다. 마인드맵을 그릴 때 이미지나 선, 색, 스타일 등을 특별히 고민할 수 있지만, 가장 중요한 것은 핵심 단어와 구조입니다.

마인드맵을 그리기 위해서는 먼저 마인드맵의 주제(가운데 배치하는 내용)에 대한 핵심 단어를 떠올려야 합니다. 핵심 단어는 주로 7개를 지향합니다. 이는 미국의 인지심리학자 조지 밀러 *George A. Miller* 가 언급한 '7±2' 원리를 따르기 때문인데요. 프린스턴 대학교의 교수였던 조지 밀러는 학생들의 단기 정보 처리 능력을 조사해 단기기억 용량이 보통 '7개±2개'임을 밝혔습니다. 흔히 이 숫자를 매직넘버라고 하지요. 보통 사람들의 단기기억 용량이 5~9개라면, 마인드맵의 핵심 단어도 5~9개 정도가 적당할 것입니다. 초등학교 3~4학년 학생들은 5개 정도의 핵심 단어를 떠올리면 적당하겠지요.

핵심 단어가 선택되면 각각의 핵심 단어들을 어떤 구조로 그릴지 고민해야 합니다. 핵심 단어 사이의 관계를 파악해야 구조를 선택할 수 있습니다. 단순한 포함관계인지, 상하관계인지, 원인과 결과인지 등을 고려해 관계가 가장 잘 드러나는 구조를 선택해야 합니다. 그림에서는 마인드맵을 그릴 때 고려해야 하는 요소를 7개로 제시했습니다. 특별히 핵심 단어들 사이의 관계를 고려하지 않고 방사형 구조로 표현했지요.

개념도로 어휘의 관계 이해하기

마인드맵에 익숙해졌다면 '개념도'(concept map)에 도전해 볼 수 있습니다. 개념도는 원래 글쓰기 틀로 개발되었는데, 인지심리학자들이 인간의 인지구조를 연구하는 데 주로 활용했습니다. 최근에는 경영이나 마케팅 분야에서도 활발하게 활용되지요.

개념도는 어떤 대상에 대한 정보를 종합해 개념의 구조도를 그리는 방식입니다. 따라서 어떤 문제를 해결하기 위해 창의적인 아이디어 정리나 사고를 좀 더 조직적으로 논리화하기 위한 도구로 활용할 수 있습니다. 보통 아래처럼 고민되는 하나의 개념을 상위 개념으로 보고, 하위개념과 세부개념을 구조도로 표현합니다. 그래서 상하관계에 있으면 위아래로, 등위관계에 있으면 좌우로 배치합니다.

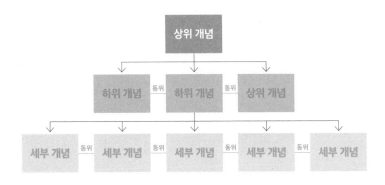

초·중·고등학교에서는 개념도가 주로 읽은 내용을 정리하는 방법으로 활용되지만, 글쓰기 아이디어의 구조화에도 활용됩니다.

개념도가 마인드맵과 다른 점은 연결어를 사용한다는 점입니다. 당연히 아이들이 온전한 개념도를 그리는 데는 시간이 걸립니다. 어른도 첫술에 개념도를 완성하기는 쉽지 않지요. 이에 개념도 그리기 전 단어 사이의 관계를 연결어로 표현해 보는 경험이 필요합니다. 가장 쉬운 방법은 가계도를 그려 보는 것입니다. 먼저 가족 중에서 두 사람만 줄로 연결한 뒤 줄 위에 관계를 표시해 봅니다. 그러면 아래와 같이 두 경우를 만들 수 있습니다.

여기 한 사람을 더 떠올리고 어디에 배치할지 생각해 봅니다. 그러면 (1)은 (1)′로 (2)는 (2)′로 확장됩니다. 아빠와 엄마는 부부의 관계이고 아빠와 나는 '아버지와 딸'의 관계입니다. 연결어는 주로 앞선 단어를 기준으로 표시하므로 '~의 딸'로 표시할 수 있습니다. 오빠는 '~의 아들'로 표시할 수 있겠지요.

앞에 나온 것처럼 단어 사이의 관계를 표시하는 연습이 되면, 읽은 내용을 개념으로 나타낼 수 있습니다. 사물이나 사람을 나타내는 낱말이나 사건이나 현상, 제도 등을 핵심 단어로 삼아 등위관계일 때는 좌우로, 상하관계일 때는 위아래로 배치하면 어렵지 않게 개념도를 구성할 수 있지요.

가끔 좌우, 상하관계가 분명하지 않은 단어들이 떠오르기도 합니다. 구조도로 나타내기 어렵다면 핵심 단어와의 관계가 밀접하지 않은 것입니다. 즉, 핵심 단어와 가까이 있을수록 관계가 강하게 연결되며 멀리 있을수록 약합니다.

위에 제시한 개념도는 대표적인 위계적 개념도입니다. 위계적 개념도는 가장 포괄적인 개념이 주로 정상에 위치하며, 하위개념과 세부개념이 아래에 위치합니다. 소설의 3요소, 생산의 3요소, 국가의 3요소 등등 어떤 것을 구성하는 요소를 제시할 때 유용하지요. 개념 간의 관계가 원인과 결과로 표현되면 인과적 개념도라고 합니다. 어떤 사회현상이나 자연현상을 이해할 때 유용하지요. 어떤 개념을 다양한 측면에서 제시할 때에는 범주적 개념도가 되기도 합니다. 재활용이 가능한 물건들을 생각해 봅시다. 비닐류, 플라스틱류, 종이류, 고철류 등이 있겠지요. 이것들은 서로 밀접한 관계가 아니지만, 재활용 가능 대상이라는 공통점이 있습니다. 따라서 범주적 개념도로 그릴 수 있습니다.

　이렇게 개념도를 활용하면 어휘 사이의 관계를 파악할 수 있습니다. 어휘를 기억하고 활용하는 데 도움을 주지요. 어휘를 고립된 채가 아니라 다른 어휘들과의 관계 속에서 이해할 수 있기에 전체와 부분의 관계를 이해하는 데도 도움이 됩니다.

마인드맵

　마인드맵의 속성을 활용한 개념도 그리기는 초등학교 중학년부터 활용됩니다. 중·고등학교에서는 과학과와 사회과 등 개념 학습이 필요한 교과에서 자주 사용되는 전략입니다. 개념은 다양하고 복잡한 현상을 간단하게 이해하고 설명할 수 있도록 도와줍니다. 〈흥부와 놀부〉의 교훈을 '인과응보'라는 개념어로 쉽게 설명할 수 있듯이, 개념어는 구체적인 경험을 넘어서 새로운 현상을 이해하게 하지요. 또한 복잡다난한 사회 문제를 파악하는 틀이 되기도 합니다.

　개념 설명 시에는 해당 개념을 다른 것과 구별하는 결정적인 속성이 무엇인지 파악해야 합니다. 그렇지 않으면 잘못된 개념을 가질 수 있으니까요. 해당 개념에 속했지만 다른 대상이나 현상에도 그러한 특성이 있다면, 비결정적 속성이 됩니다. 우리가 흔히 사용하는 '사회 집단'이라는 개념을 보면, 사회 집단은 '2인 이상의 사람들이 소속감을 가지고 지속적인 상호작용을 하는 모임'을 가리키지요. 그렇다면 BTS 공연장에 온 사람들은 사회 집단일까요?

　2인 이상 모여 있지만 모두 소속감을 느끼지도 않고, 지속적으로 상호작용을 하지도 않습니다. 따라서 결정적인 속성은 '소속감과 지속적 상호작용'인 것이지요. 2인 이상이라는 특성은 비결정적인 속성인 셈입니다. 개념도에 익숙해질수록 이러한 비결적적 속성을 판단하는 안목이 생기게 됩니다.

개념도는 특히 설명문이나 논설문 같은 글을 이해하는 데 도움이 됩니다. 아이가 이야기 읽기는 좋아하는데 새로운 정보를 제공하는 글에는 흥미가 없거나 독해에 어려움을 느낀다면, 간단한 개념도를 함께 그리면서 어휘를 정리해 보세요. 독해력을 높이는 데 도움이 될 것입니다.

해시태그로 소통할
아이를 위해

|

　인터넷 공간의 영향력은 점점 더 커지고 있습니다. 제 지인 중에
도 SNS 활동을 열심히 하는 사람들이 많습니다. 가끔 모임에 가 보
면 지인들이 저만 모르는 이야기를 신나게 하는 경우도 있습니다.
다들 페이스북이나 인스타그램, 틱톡이나 밴드 같은 SNS에서 쟁
점이 된 일을 이야기합니다. 저는 한참 듣고 난 뒤 관련 내용을 찾
아보고 겨우 대화 내용을 이해하지요. 그럴 때마다 뒤처진 사람이
되가는 것은 아닌지 걱정이 됩니다. 결국 저도 계정을 만들어서 틈
날 때마다 접속해서 세상 돌아가는 소리를 들으려고 애쓰고 있지
요. 그중에서 특히 저의 눈길을 사로잡은 것이 바로 SNS에서 많이

볼 수 있는 '#' 기호입니다.

'#' 기호는 '해시태그'(HashTag) 앞에 붙습니다. 해시태그는 '해시(hash) 기호로 게시물을 묶는다(tag)'는 뜻이지요. 쉽게 말하면 게시물에 꼬리표나 말머리를 달아서 연관된 정보를 하나로 묶는다는 것입니다. '#' 뒤에 특정 단어를 넣어 자신이 쓴 글의 주제나 키워드 등을 표현합니다.

해시태그 뒤 문구는 띄어 쓰지 않는 것이 원칙입니다. 띄어 쓰면 온라인상에서 해시태그로 인식하지 않기 때문입니다. 해시태그는 정보를 묶어서 보여 줄 뿐만 아니라 검색에도 활용되면서 광고나 정치, 가벼운 놀이 등에 쓰이며 문화적인 현상이 되고 있습니다.

교과서 속에서 찾아보는 해시태그

글을 읽고 주제어로 표현하는 학습은 초등학교 1학년부터 시작됩니다. 1학년 국어 교과서에 제시된 글을 살펴볼까요?

오늘 소방관 아저씨께서 학교에 오셨다. 아저씨께서는 불이 나면 크게 다칠 수 있다고 말씀하셨다. 그리고 불이 나면 주변에 큰 소리로 알려야 한다고 하셨다. 앞으로 불조심을 해야겠다.
〈출처: 국어1-2(나), 7.무엇이 중요할까요〉

위의 글에 어떤 제목을 붙일 수 있을까요? 교과서에서는 '불조심'이 적합하다고 말합니다. 제목은 글과 내용을 잘 드러내야 하고, 그중 글과 어울려야 하고, 글에서 가장 중요한 생각을 나타내야 하니까요. 그래서 글의 맨 마지막 문장에 있는 '불조심'을 제목으로 붙일 수 있습니다. 초등학교 저학년에서는 이처럼 간단한 한 문단 글에 제목을 붙이도록 합니다.

3학년이 되면 중심 문장과 뒷받침 문장의 관계를 이해하고, 3~5문단 정도로 구성된 글에서 중심 생각을 찾도록 합니다. 이때 활용되는 교과서 지문은 구조적으로 아주 완벽하게 짜여진 글입니다. 문단을 구성하는 문장의 개수도 7~9개 정도이며, 1편의 글은 5문단에서 7문단 정도의 길이로 구성됩니다. 또한 '처음-가운데-끝'의 완벽에 가까운 얼개의 미괄식으로 짜여 있지요.

교과서에는 가장 모범적인 형태의 글을 제시합니다. 수렴적으로 이해하고 정리하는 힘을 길러 주기 위해서입니다. 이렇게 제목 붙이기나 중심 문장 혹은 주제어 찾기 활동으로 아이들은 한눈에 글을 이해하는 힘을 기를 수 있지요.

저학년 교과서에 실린 글 중에는 집필자들이 정성껏 작성한 글이 많습니다. 학생들을 가르치기 위해 도구적으로 사용하는 글이기 때문입니다. 문제는 아이들이 일상생활에서 접하는 글이 교과서처럼 완벽하지 않다는 사실입니다. 완벽한 형태를 갖춘 글을 찾기는 어렵습니다. 그래서 일상생활에서 주로 소통되는 글이나 좀 더 전문적인 정보글에서 주제어를 찾으려면 집중력과 주의력이 필요합니다. 교과서 밖의 글을 많이 읽어야 하는 이유이지요.

해시태그로 느끼는 어휘의 힘

해시태그는 교과서의 제목 붙이기나 주제어 찾기와 유사합니다. 여기에 SNS의 알고리즘을 활용할 수도 있습니다. 사용자가 관심 있는 내용을 해시태그로 붙일 수도 있지만, 연관 키워드 검색 후 '월간 검색수', '월 평균 클릭수', '월 평균 클릭률' 등을 참조해 적절한 내용을 선택할 수도 있으니까요. 자기가 좋아하는 사람이 붙인 해시태그 재사용으로 동질감을 표현할 수도 있지요. 이에 해시태그 추천 검색 엔진도 등장했습니다. 국가별로 관련 해시태그를 여러 개를 추천해 주기도 합니다. 그 덕에 국내뿐만 아니라 해외 사용자들과도 해시태그로 연결될 수 있지요. 해시태그가 워낙 활발하게 이용되다 보니 트위터나 인스타그램 같은 서비스에서는 불법적인 활동과 연관된 해시태그를 금지한다고 합니다.

해시태그는 글의 내용을 효과적으로 보여 줄 뿐만 아니라 사용자의 취향이나 관심사 관련 정보를 제공하는 플랫폼의 알고리즘 기능이기도 합니다. 이미지나 동영상을 중심으로 제공되는 SNS에서는 내용을 보조하는 데서 그치지 않고 대변한다고까지 할 수 있습니다. 해시태그는 매체 시대를 살아가는 현대인들에게 말의 힘을 느끼게 만드는 주요한 도구입니다.

#MeToo
#StopAsianHate
#BalckLivesMatter
#잊지않겠습니다
#0416

이런 해시태그들은 대중의 공감을 얻으며 엄청난 힘을 발휘했습니다. 이러한 표현은 글이나 영상의 주제어이자 다른 사람들의 눈길을 끌 수 있는 훅(hook)이기도 합니다.

언어는 생각을 실어 나르는 도구다

철학자 프리드리히 니체 *Friedrich W. Nietzsche* 는 "진리를 이야기하는 것은 중요하지 않다. 누가 진리를 이야기하는지가 더 중요하다"라고 말했습니다. 진리 자체보다는 말하는 사람의 힘이 더 세다는 말입니다. 예를 들어, 뉴스에서 무엇인가 설명하는 사람들은 대부분 사회적으로 높은 지위에 있거나 해당 사실에 대해 중요한 단서를 가진 사람입니다. 대중은 이들의 말로 정보의 신뢰성이나 타당성을 판단합니다.

언어는 사상을 실어 나르는 도구라고 합니다. 권력의 행사는 언어의 가장 중요하고도 궁극적인 기능입니다. 말하기와 글쓰기는 그야말로 권력을 행사하는 수행적인 활동입니다. SNS에서 관심을 받는 글이나 영상, 사진들에도 대중을 현혹하는 자극적인 내용이 담겨 있습니다. 그러나 사람들은 진성성 없는, 무딘 내용에 계속 호응해주지 않습니다. 꾸준히 호응 받기 위해서는 내용과 제목에 진정성이 있어야 하고, 진짜 경험한 사람이 말할 수 있는 예리함이 있어야 합니다. 말에는 힘이 있지만, 저절로 힘이 붙어 넣어지지는 않습니다.

디지털 문자

요즘 사람들은 일을 시작할 때 일단 카카오톡 단체 방이나 밴드부터 만듭니다. 이 가상공간에서는 직접 만나지 않지만 '함께' 일하는 것입니다.

코로나19(COIVD-19) 팬데믹 이후로 사람들은 대면하지 않고 사람들과의 소통을 더욱 강화시켰으며, 소통의 대부분은 문자, 텍스트로 이루어졌습니다. 소셜 미디어 덕분일까요? 사람들은 점점 더 온라인 네트워크형 인간으로 변화하고 있습니다. 이제 디지털 문자에 익숙해져야져야 하는 시대가 왔습니다. 미래를 살아갈 우리 아이들이 앞으로 온라인상에서 문자로 소통할 텐데 어휘력을 발휘해야 함은 말할 것도 없지요.

아이의 어휘가 모여
문장이 될 때

학교에서는 아이들에게 책을 읽고 난 다음 독후 활동지를 채우도록 합니다. 독후 활동지는 줄거리 요약 후에 자신의 감상 내용을 간단히 적거나 그림을 그리는 형식을 취합니다. 이 중 좋은 문장을 뽑아 책으로 만들면 구체적인 감상 표현 전부터 문학작품에서 가장 기억에 남는 문장이나 표현에 아이가 집중하도록 유도할 수 있습니다. 아이들이 마음에 들어 하는 문장 찾기 활동은 경험이나 느낌에 의존하는 경우가 많기 때문에 부담도 적으며, 좋은 문장이나 표현을 익힐 기회도 제공합니다.

문학작품을 읽으며 좋은 문장을 골라 책을 만드는 활동은 읽는 즐거움을 북돋아 줄 뿐만 아니라 작품과 진지하게 상호작용할 기회까지 제공합니다. 책 속의 아이디어를 분석하고, 주요한 주제, 개념 등에 대해 비판적으로 사고함으로써 문학작품과 직접적으로 대면하게 만들지요. 좋은 문장에 비추어 아이 스스로 자신의 생각을 분석하거나 종합할 기회를 주고, 학습한 내용으로부터 창조적인 사고를 이끌어 주기도 합니다.

좋은 문장을 찾으려면 보물찾기 하듯이 문학작품을 다시 한번 읽어야 합니다. 작품에서 가장 기억에 남는 장면이나 문장 기록하기도 읽기 활동과 쓰기 활동을 통합하는 효과적인 방법입니다. 인상적인 부분을 그림 또는 글로 다시 표현하도록 하는 학습 활동은 상상력을 극대화시켜 줄 수 있고요.

쌓인 어휘가 아이만의 문장이 된다

앞의 활동으로 책을 만들려면 먼저 기억에 남는 문장이나 장면을 떠올려야 합니다. 작품을 회상하면서 어렴풋하게 기억나는 문장이나 장면을 다시 찾아봅니다. 저학년에게는 주요 문장을 제시하고 주요 단어를 찾아 쓰게 하거나 주요 문장과 관련된 그림을 준다음 색칠하거나 그림을 그리도록 할 수도 있습니다. 미니북의 경우 한 쪽에 한두 문장 정도를 쓰도록 하는 것이 적당한데, 문장의 기본 문형을 익히거나 암기하는 데도 유용하지요.

아이의 문장이 책이 되도록

종이책 출판에 '작가-편집자-출판사-인쇄자-판매자-독자'라는 유통망이 필요하지만, 전자책 출판에서는 작가와 독자 사이를 매개하는 '편집자', '출판사', '인쇄', '판매자'의 역할이 사실상 무색합니다. 작가가 바로 만들어 출판하고, 판매하는 자가 출판(self publishing)이 가능하기 때문입니다.

일반적으로 종이책 출판은 전문적인 콘텐츠를 보유한 사람들에게 허락된 일이었습니다. 작가가 되려면 해당 분야에 탁월한 전문성을 가졌거나 유명한 인물이어야만 했지요. 그렇지 않으면 출판에 필요한 경비 전체를 부담해야 했습니다. 그러나 전자 출판은 전문가적 콘텐츠뿐만 아니라 일상적인 콘텐츠로도 출판이 가능하게끔 만들어 주고 있습니다. 일반인들이 개인 홈페이지나 블로그에 글쓰듯이 자연스럽게 자신의 방식대로 표현하며 스스로 작가가 되고 있는 셈입니다.

자가 출판을 위한 플랫폼도 다양한데, 대표적으로 교보문고 퍼플(http://www.pubple.kuobobook.co.kr)과 부크크(http://www.bookk.co.kr), 크몽(http://kmong.com)이 있습니다. 이들 플랫폼은 제각기 특색 있는 마케팅으로 자가 출판을 지원합니다. 교보문고 퍼플은 자체 제작 툴인 '퍼플 에디터'를 통해 손쉽게 전자책을 제작할 수 있도록 도와줍니다. 2011년부터 서비스를 시작했는데, 교보문고 회원이 작가로 등록하면 책을 만든 뒤 관리자 승인에 따라 전자책 또는 POD[15] 형태로 판매할 수 있습니다. 부크크는 2014년 자가 출판 서비스를 시작하여 1,900여 종의 책을 출간한 대표적인 플랫폼입니다. 재능 교류를 표방하는 크몽은 자신만 알고 있는 노하우를 전자책으로 만들거나 판매할 수 있도록 지원합니다.

이 밖에도 하루북, 북팟, 북메이크 등 전자책 제작을 도와주는 사이트나 리디북스, 유페이퍼같이 전자책 판매 플랫폼 등이 출판 유통시스템의 또 다른 형태를 만들어 나가고 있습니다. 아이들과 함께 좋은 콘텐츠를 많이 쌓았다면, 다양한 자가 출판 서비스 중 하나를 골라 우리 가족만의 문집을 만들어 보면 어떨까요?

어휘력 더하기+
국어 시험

　매년 11월이 되면 전 국민이 관심을 갖는 연례행사가 있습니다. 바로 수능(대학수학능력시험)입니다. 대입을 위한 마지막 관문으로써 수십 년간 이어져 온 우리나라의 입시 문화이지요.

　수능이 끝나고 나면 언론에서는 '불수능'이다 '물수능'이다 말이 많습니다. 그런데 최근 몇 년 동안은 불수능 정도가 아니라 '마그마수능'이라는 말이 돌 정도로 난도가 매우 높았습니다. 특히 〈국어〉 영역 지문에 대한 논란이 뜨거웠지요. 〈국어〉라면 문학작품 같은 지문이 나와야지 어째서 〈물리〉나 〈화학〉, 〈경제학〉, 〈법학〉 같은 전문 분야의 지문이 등장하느냐는 것입니다. 전문적인 글로 내용 파악하기는 국어과가 아닌 사회탐구나 과학탐구 영역에서 할 일이라는 것입니다.

　1교시에 보는 〈국어〉는 수능 전체 시험에 대한 학생들의 부담감에 막대한 영향을 미칩니다. 1교시 시험이 너무 어려우면 포기하고 나가는 학생들이 있을 정도니까요. 하지만 제시된 문항의 난도가 상대적으로 높았다는 문제점을 제외한다면, 교육 목표가 '언어로 사고력을 신장시키는 것'인 국어과에서 전문적인 내용의 지문을 활용하는 일은 전혀 문제가 되지 않습니다. 오히려 세상에서 본 적이 없는 글을 이해할 수 있는 학생이야말로 기본적인 수학능력을 갖추었다고 할 수 있지요.

처음 보는 글을 이해하는 일은 새로운 사물, 공간과 자기 자신을 연결시키는 것과 같습니다. 새로운 글의 내용과 자기 자신을 연결하는 것이지요. 그러니 학년이 높아질수록 다양한 글을 찾아 읽도록 격려해야 합니다. 이런 태도는 자녀에게 독해력 향상뿐만 아니라 새로운 것 앞에 주눅 들지 않는 자신감도 길러 줄 것입니다.

자신감 있게 언어생활을 하는
아이를 위해

세계적인 권위를 자랑하는 옥스퍼드 영어사전에는 현재 100만 개 이상의 어휘가 수록되어 있습니다. 어마어마한 어휘 개수가 수록된 까닭은 꾸준히 전 세계 언어를 탐색하고, 3개월마다 새로운 단어를 등재하기 때문입니다. 옥스퍼드 영어사전에 등재되는 단어를 보고 세계적 이슈나 문화의 흐름도 짐작할 수 있지요. 얼마 전에는 우리말이 26개나 새롭게 등재됐습니다. 특히 음식 관련 단어가 많습니다.

불고기(bulgogi) : 한국 요리, 쇠고기나 돼지고기를 얇게 썰어 양념에 재운 다음 굽거나 볶는 요리.

김밥(kimbap) : 밥과 각종 재료를 김 한 장에 싸서 먹기 좋은 크기로 자른 한식.

반찬(banchan) : 전형적인 한국 식사의 일부분으로, 밥과 함께 제공되는 작은 곁들임 요리.

불고기는 이미 전 세계적으로 널리 알려진 음식인데, 늦게 등재된 감이 있습니다. 김밥도 일본 스시로 알고 있는 외국인이 많은데, 이제 스시와 다른 음식이라는 사실을 알릴 수 있지 않을까 싶습니다. 이 밖에 '삼겹살'(samgyeopsal), '갈비'(galbi), '잡채'(japchae), '동치미'(dongchimi) 등의 단어가 등재되었습니다.

'치맥'(chimaek), '먹방'(mukbang)처럼 한국의 표준국어대사전에 공식 등재되지 않은 단어도 보입니다. '먹방'은 '한 사람이 많은 양의 음식을 먹고 시청자들과 이야기하는 모습을 생중계하는 영상'으로 소개되었습니다. 유튜브 같은 영상 플랫폼이 보편화되면서 우리나라에서 유행하는 먹방 영상이 전 세계적으로 인기를 끌게 된 덕으로 보입니다.

대표적인 '콩글리시'(Konglish)였던 '파이팅'(fighting)도 콩글리시란 단어와 함께 등재되었고, '누나'(noona), '오빠'(oppa), '언니'(unni), '한복'(hanbok), '애교'(aegyo), '피시방'(PC bang), '트로트'(trot), '학원'(hagwon),

'한국 드라마'(K-drama) 등도 줄줄이 뒤이어 등재됐습니다. 한국의 문화 혹은 '한류'(hallyu)를 의미하는 접두사로 등재된 'K-'는 한국 문화가 세계의 관심을 받고 있다는 흐뭇한 증거입니다.

우리 문화의 인기가 이처럼 높아진 기반에는 정보통신 기술의 발달이 있습니다. 우리는 그야말로 온라인 네트워킹으로 이루어진 정보 폭증 시대에 삽니다. 한국어 어휘력을 바탕으로 세계인과 소통할 수 있는, 국제적인 어휘력을 키워야 할 시기입니다. 스마트폰 하나면 쉽게 획득할 수 있는 교실 밖 세상의 정보들은 이미 우리 아이들에게 엄청난 영향력을 미치고 있습니다. 이러한 상황에서 어휘력을 기르기 위해 무엇보다 아이들에게 질문하는 습관을 갖게 하는 것이 중요합니다. 최근 교육 현장에서도 '질문이 있는 교실', '배움이 있는 교실'을 만들어야 한다는 목소리가 높습니다. 이러한 흐름은 우리나라뿐만 아니라 전 세계적으로 강세를 보이는 교수법들을 살펴봐도 알 수 있습니다.

◇ 뇌 중심 학습(Brain-based Learning)

◇ 문제 중심 학습(PBL, Problem-based Learning)

◇ 학생 중심 학습(Student-centered Learning)

◇ 학습(배움) 중심 교육(Learning-centered Teaching)

◇ 실험적 학습(Experimental Learning)

◇ 거꾸로 학습(Flipped Learning)

위에 언급한 학습법들의 공통점은 아이들에게 '참여(active)-토론(verbalization)-실습(immersion)'을 유도한다는 점입니다. 교사 중심의 강의식 교수나 대단위 교육장에서 이루어지는 수동적 연습이 아니라 아이가 스스로 과제에 참여해 함께 토론하면서 문제를 해결해 나가도록 유도하는 학습법들이지요.

이러한 수업을 위해 가장 중요한 일은 아이들의 관심과 몰입을 끌어내는 것입니다. 이에 교사들은 아이들에게 끊임없이 질문하도록 권합니다. 질문은 수업에서 아이들에게 선택권을 부여하는 가장 손쉽고도 효과적인 방법이기 때문입니다. 질문받고 대답만 하는 환경에서는 아이가 교사의 생각을 넘어서기 쉽지 않습니다. 그러나 스스로 질문하면서 배우도록 하면 아이가 스스로 배움의 목표를 뚜렷하게 할 뿐만 아니라 스스로 답을 찾으면서 성취감까지 맛볼 수 있습니다. 더 심오하고 새로운 것을 탐구하고 싶은 동기와 도전의식도 샘솟을 수 있고요.

결국 어휘력 향상의 열쇠는 아이가 스스로 질문하게끔 유도하는 것입니다. 그 뒤에 질문 해결 과정을 도와주어야 합니다. 맥락 없이 어휘만 외우는 방법보다 속도가 더디게 느껴질 수도 있지만, 어휘력이 뿌리 내릴 토양을 튼튼히 다지는 확실한 방법입니다. 어휘력은 자라나는 나무와 같습니다. 뿌리와 함께 토양도 다져야 하므로 준비하는 데 충분한 시간이 필요합니다. 이렇게 자라난 아이의 어휘력은 연기처럼 허무하게 사라지지 않을 것입니다.

제 아이들은 이제 둘 다 성인이 되었습니다. 이 책을 쓰면서 아이들이 태어났을 때로 타임머신을 타고 돌아간다면, 아이들과 더 잘 지낼 수 있지 않을까 생각했습니다. 어떤 육아의 기술 없이 좌충우돌하면서 시행착오를 겪은 시절이 한편으로는 부끄럽기도 합니다. 이 책에서 언급한 내용 중에는 아이들을 다 키우고 난 뒤 비로소 깨닫게 된 것이 많습니다. 아무쪼록 이 책이 부모와 아이들의 행복한 언어생활에 많은 도움이 되길 바랍니다.

각주

1 Linda Farrell, Michael Hunter, Marcia Davidson, Tina Osenga(2019), The Simple View of Reading, Reading Rocket
https://www.readingrockets.org/article/simple-view-reading

2 Nick Lund(2003), Language and Thought, 이재호·김소영 옮김(2007), 언어와 사고, 학지사.

3 박창균(2007), 언식성의 개념과 성격에 관한 고찰, 〈화법연구〉 10호.

4 '네 말을 들으면 내 뇌의 OO 부위가 반응해', 〈동아사이언스〉(2016)
http://dongascience.donga.com/news.php?idx=11898

5 언어는 태어날 때부터 내장되었다는 촘스키의 '보편 문법' 이론과, 언어는 학습된 단어의 네트워크라는 러멜하트와 매클레렌드의 '패턴 연상망 기억 모형' 사이에서 제3의 길을 모색한다. '단어-규칙 이론'이라는 새로운 모형이 바로 그것이다.

6 Littleton, K. Mercer, N.(2013) Inter thinking: putting talk to work, Abingdon: Routledge.

7 Halliday, M.A.K.(1975) Learning How to Mean. London: Edward Arnold.

8 Helen Bee(2000), The Developing Child, 10th Edition, Stanford University Denise Boyd, Houston Community College

9 Dedre Gentner(1982), why are nouns learned before verb; Linguistics relativity versus natural partitioning, In S. A. Kuczaj (Ed), Language Development; vol. 2. Language, thought and culture, Jillsdale, NJ:Erlbaum.

10 Kane(2007), Literacy & Learning in the Content Areas, p.172(2nd edition), olcomb Hathaway.

11 미국 개봉 당시 〈Arrival〉이던 제목을 한국에서 바꿔 상영했다.

12 Rudolf A. Makkree(1990), Imagination and Interpretation in Kant: The Hermeneutical Import of the Critique of Judgment, Chicago; London: University of Chicago Press, 1990, pp. 11-19

13 '천재 남매 비결요? 배우는 즐거움 함께해 보세요', 〈중앙일보〉(2013)
https://news.joins.com/article/12452097

14 Chantal Thoulon-Page. La rééducation de l'écriture de l'enfant et de l'adolescent: Pratique de la graphothérapie - Bilan et rééducation (Orthophonie) (French Edition) 4th Edition, Kindle Edition.

15 POD란 'Print on Demand'의 약자로 주문판매를 의미한다. 재고를 쌓아 두고 판매하는 것이 아니라 주문이 들어오면 그때그때 판매하는 방식으로 수익을 창출한다.

발표력부터 성적 향상까지 읽고 말하는 자신감을 얻는 힘

아이의 어휘력

© 이향근 2021

인쇄일 2021년 12월 16일
발행일 2022년 1월 13일

지은이 이향근
펴낸이 유경민 노종한
기획마케팅 1팀 우현권 **2팀** 정세림 현나래 유현재 서채연
기획편집 1팀 이현정 임지연 **2팀** 박익비 **라이프팀** 박지혜 장보연
책임편집 박지혜
디자인 남다희 홍진기
펴낸곳 유노라이프
등록번호 제2019-000256호
주소 서울시 마포구 월드컵로20길 5, 4층
전화 02-323-7763 **팩스** 02-323-7764 **이메일** uknowbooks@naver.com

ISBN 979-11-91104-28-8(13590)